Le Monde étrange

des Atomes

Le Monde étrange des Atomes

Conception et texte:
Jacques Deferne

dessins:
Alain Gassener

Avertissement

Que les chimistes et les physiciens veuillent bien nous pardonner ! Les simplifications et les raccourcis que nous nous sommes permis d'apporter à leur sujet d'étude, le côté anecdotique que nous avons donné à cet ouvrage, ainsi que son aspect «bande dessinée» n'ont qu'un seul but : permettre à un large public, peu connaisseur de la chimie, de s'intéresser à ce sujet, de comprendre comment la matière est faite, de saisir la signification des formules chimiques, d'avoir une idée sur la constitution des atomes et de faire connaissance avec la décroissance radioactive et la fission nucléaire.

A l'origine, l'idée avait été d'écrire un petit ouvrage de chimie à l'usage des amateurs de minéraux, puis, pris d'affection pour les personnages attachants de ce Monde étrange, nous avons dérivé sur l'anatomie et les maladies génétiques des atomes. Cela nous a permis d'aborder un aspect de la physique dont on parle beaucoup mais qui reste encore très méconnu: la distinction entre la décroissance radioactive et la fission nucléaire.

Pour les spécialistes, cet ouvrage est destiné à leur apporter un instant de rêverie et à leur montrer que l'atome de Niels Bohr peut présenter aussi un caractère humain qui le rapproche du monde des poètes.

Pour les professeurs qui essayent d'inculquer la chimie aux élèves des écoles secondaires, cet ouvrage pourrait être le point de départ et le support mnémotechnique de cette discipline qui demeure aride, si on en reste aux formules et aux réactions chimiques!

Puisse ce Monde étrange des Atomes apporter quelques réponses aux questions que se posent toutes les personnes curieuses des secrets de la nature, tout en les distrayant du monde bien banal dans lequel nous vivons.

L'Auteur

Les premiers contacts

Voyage dans l'infiniment petit

Si, comme Gulliver, nous pouvions débarquer dans le pays infinitésimal des atomes, nous découvririons un monde étrange, peuplé de joyeux personnages constamment agités de mouvements dansants, unis par leurs nombreuses mains en groupes plus ou moins importants.

Certains paraissent légers, d'autres se déplacent péniblement, accablés par leur poids qui semble considérable.

Leur tête et leur tronc sont confondus en un corps unique, approximativement sphérique, d'où partent un ou plusieurs bras. Certains sont gros, d'autres petits. Quelques-uns paraissent très légers alors que d'autres se déplacent péniblement, fort accablés par leur poids qui paraît considérable. Comme dans notre monde, il y a des dames et des messieurs. On les distingue facilement car les dames portent des habits roses et sont coiffées d'un bonnet de dentelle. Les messieurs sont habillés en bleu et ils portent un haut-de-forme. Nous verrons plus loin les causes anatomiques qui déterminent le sexe d'un atome.

En observant un peu plus attentivement tout ce petit monde, on remarque qu'il y a de nombreuses catégories d'individus qui diffèrent les uns des autres par leur taille, leur poids, leur nombre de bras et par le chapeau qu'ils portent. Tous ont été répertoriés et chacun d'entre eux porte un nom, un surnom (appelé aussi symbole) et un numéro de matricule.

Il y a des dames et des messieurs.

Les noms des atomes

Tous les atomes portent un nom patronymique qui indique à quelle famille ils appartiennent. Ceux qui portent le même nom ont un aspect et des habitudes semblables. On dénombre dans la nature environ 90 familles d'atomes. Les noms qu'ils portent ont des origines très diverses. On trouve, par exemple:

- *des noms régionaux*:
  Europium, Francium, Germanium, Polonium, Hafnium (nom latin de Copenhague).
- *des noms tirés de la mythologie*:
  Cérium (Cérès), Palladium (Pallas), Tantale, Plutonium (Pluton), Thorium (Thor).
- *des noms de matériaux*:
  Soufre, Fer, Cuivre, Nickel, Plomb, Zinc, Or.
- *des noms de savants*:
  Curium, Einsteinium, Mendelevium, Nobelium[1]
- *des noms indiquant un caractère physique:*
  Phosphore = qui porte la lumière
  Fluor = qui fond facilement
  Iode = violet
  Brome = à odeur fétide
  Dysprosium = difficile à trouver

Messieurs Francium et Germanium sont nationalistes.

Monsieur Plutonium fait très peur.

Monsieur Phosphore porte la lumière.

Mademoiselle Fluor fond facilement.

1- *ne concerne que quelques familles expérimentales non naturelles, créées par les Terriens.*

Symboles chimiques

Les cruciverbistes connaissent bien les symboles.

Au lieu des noms entiers, les chimistes (et les cruciverbistes) préfèrent utiliser des sigles plus courts, formés d'une ou deux lettres et connus sous le nom de *symboles chimiques.* Dans notre monde imaginaire, les atomes portent ce symbole inscrit sur leur chapeau.

Habituellement ce sont les deux premières lettres du nom ou parfois la première seulement qui constituent le symbole chimique.

Aluminium:	*Al*	Fer:	*Fe*	Carbone:	*C*
Soufre:	*S*	Nickel:	*Ni*	Hydrogène:	*H*

L'usage veut que la première lettre soit une majuscule, la seconde une minuscule. Dans quelques cas le symbole est d'origine étrangère et n'a pas de ressemblance directe avec le nom de l'atome. Ce sont, par exemple:

Sodium :	*Na* (de l'all. Natrium)	Potassium :	*K* (de l'all. Kalium)
Or :	*Au* (du latin Aurum)	Azote :	*N* (du latin Nitrum)

Numéros d'ordre

Dans le monde des atomes, l'organisation est paramilitaire: en plus de son nom, chaque individu porte un matricule ou numéro d'ordre compris entre 1 et 92 qui indique à quelle famille il appartient[2]. Dans leur langage, les chimistes parlent de *numéro atomique.*

2- Ceux qui portaient les numéros 43 et 61, Messieurs Technétium et Prométhéum, ont disparu du monde des atomes naturels, victimes d'une maladie congénitale : la décroissance radioactive galopante. Aujourd'hui les Terriens ont réussi à les recréer artificiellement, mais leur espérance de vie reste précaire!

L'administrateur qui leur a attribué ces numéros est un terrien du nom de Mendeleïev[3]. Le principe de cette numérotation est simple : l'atome le plus léger, Monsieur Hydrogène, porte le numéro 1, le plus lourd, Monsieur Uranium, le numéro 92. A quelques exceptions près, l'ordre de la numérotation correspond à l'ordre croissant de leur poids.

Il faut noter toutefois que le génie génétique des Terriens sait aujourd'hui créer des familles d'atomes inconnues jusqu'ici. Ainsi quelques nouveaux arrivés sont venus s'ajouter au monde des atomes naturels. Le plus connu d'entre eux est le Plutonium auquel on a attribué le numéro 94.

Les atomes portent aussi un numéro de matricule.

Poids des atomes

A quelques exceptions près, la plupart des atomes d'une même famille ont le même poids. Par contre, entre individus de familles différentes, les poids diffèrent notablement.
Le *poids atomique* est donc une des caractéristiques de chaque famille d'atomes. Si nous pesons le plus léger d'entre eux, le petit Hydrogène, nous obtenons: 0,00000000000000000000000166 gr., ce qui est bien peu! Aussi, pour éviter de manipuler des nombres si encombrants, le bureau des poids et mesures du Pays des Atomes a choisi comme unité de référence le *gron*[4], qui

---

3- Dmitri Ivanovitch Mendeleiev, chimiste russe (1834-1907), inventeur de la classification périodique des éléments chimiques.

4- C'est une unité imaginaire utilisée uniquement dans le "Monde étrange des Atomes".

Le poids des atomes s'échelonne entre 1 gron pour le petit Hydrogène et 238 grons pour le pesant Uranium.

est précisément le poids d'un atome d'Hydrogène[5]. Et maintenant, si nous pesons les autres atomes, une surprise nous attend: leur poids est presque toujours un multiple entier de celui de Monsieur Hydrogène ! Par exemple Madame Oxygène est 16 fois plus pesante que Monsieur Hydrogène, et Monsieur Calcium 40 fois. En examinant les poids de tous les atomes, on constate que ceux-ci s'échelonnent entre 1 gron pour Monsieur Hydrogène et 238 grons pour Monsieur Uranium.

Certains atomes ne font pas le poids

Mais nous savons que rien n'est parfait, même dans le monde des atomes, et on trouve à l'intérieur d'une même famille certains individus qui «ne font pas le poids». On a ainsi trouvé dans la famille Uranium quelques individus qui ne pèsent que 235 grons au lieu des 238 habituels. Ils ne sont pas très nombreux et ne représentent que 0.7 % des membres de la famille. Toutefois ils sont très recherchés des Terriens qui en ont besoin pour leurs centrales nucléaires. Les membres d'une même famille qui présentent ainsi des poids un peu différents sont appelés *isotopes.*

Dans beaucoup de familles on trouve de tels isotopes qui pèsent un peu moins ou un peu plus que la majorité des

5- En réalité, c'est le poids, exprimé en grammes, de 602.488 milliards de milliards d'atomes d'hydrogène. Ce grand nombre est connu sous le nom de "Nombre d'Avogadro" (célèbre chimiste italien, 1776-1856). On peut ainsi comparer entre eux des mêmes nombres d'atomes et en exprimer le poids en grammes. En réalité les chimistes ont défini plus précisément "l'unité de masse atomique" (U.M.A.) comme le douzième du poids du carbone C^{12}, ce qui équivaut à 1.66×10^{-24} g.

individus. Mais ils n'existent généralement qu'en faible quantité. Toutefois, dans certaines familles ils peuvent être tout de même abondants.

Chez les frères Cuivre, par exemple, la scission est très marquée : 30% d'entre eux ont un poids de 65 grons alors que les autres n'en pèsent que 63. Cependant, malgré cette différence de poids, le comportement social de tous les isotopes d'une même famille reste exactement le même.

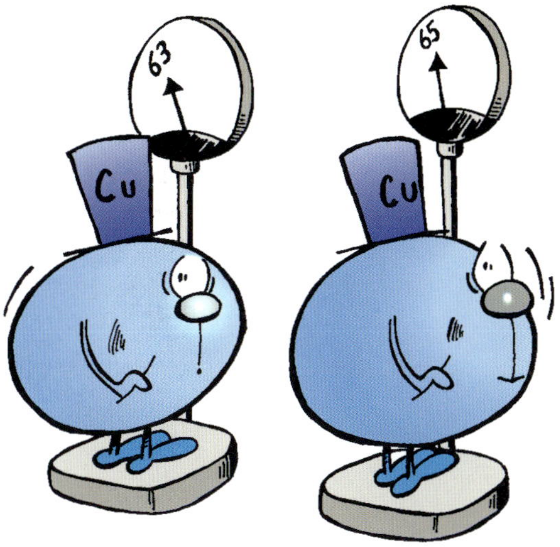

Certains membres de la famille Cuivre ne font pas le poids !

Taille des atomes[6]

Les atomes sont approximativement sphériques. Nous pourrions donc exprimer leur dimension par leur tour de taille, mais l'usage veut plutôt qu'on exprime leur taille par le rayon: c'est le *rayon atomique*. On l'exprime par une très petite unité, l'angstrœm[7] [Å], qui vaut un dix-millionième de millimètre.

Il n'y a pas de relation directe entre le poids d'un atome et sa taille. Ainsi Monsieur Potassium, qui pèse 39 grons, possède un rayon atomique de 1.33 Å, alors que le pesant Uranium (238 grons) ne mesure que 0.97 Å de rayon. On remarque tout de suite que les dames ont une forte tendance à l'embonpoint alors que les messieurs restent plutôt fluets. Nous verrons plus loin que la taille des messieurs diminue d'une manière générale avec l'augmentation du nombre de bras. Chez les dames, c'est le contraire qui se produit.

Il n'y a pas de relation directe entre le poids et la taille d'un atome.

6- Les chimistes voudront bien excuser les raccourcis que prend l'auteur: il s'agit du rayon ionique qui joue un rôle important dans le monde des minéraux.

7- Anders Jonas Ångström(1814-1874), physicien suédois connu par ses recherches sur le spectre solaire et les gaz simples.

Nombre de bras[8]

Nous avons déjà remarqué, dans notre monde imaginaire, que les atomes n'aiment guère la solitude et qu'ils forment habituellement des petits groupes[9] à l'intérieur desquels ils se tiennent par les mains. Les bras jouent donc un rôle esssentiel de liaison.

Messieurs Fer et Manganèse gardent parfois une main dans leur poche. Curieusement, lorsqu'ils la sortent ils maigrissent !

Tous les atomes n'ont pas le même nombre de bras. Ainsi Messieurs Sodium et Potassium n'ont qu'un bras alors que Messieurs Calcium et Strontium en ont deux. Monsieur Aluminium en a trois, Monsieur Silicium, quatre.

Il y a un atome bien connu et un peu facétieux, c'est Monsieur Fer: il possède deux bras bien actifs plus un troisième qu'il tient dans sa poche et qu'il ne sort que lorsqu'il est un peu excité. Ce qui est alors remarquable, c'est que sa taille diminue sensiblement lorsqu'il sort le troisième bras de sa poche. Avec deux bras, son rayon est de 0,76 Å, avec trois bras, il n'est que de 0.64 Å !

Un ami intime du Fer, Monsieur Manganèse, se comporte exactement de la même manière. Beaucoup d'autres atomes encore ont un nombre de bras qui varie selon leur état d'excitation: nous aurons l'occasion de reparler de cette particularité.

8- Le nombre de bras dépend d'éléments anatomiques de l'atome ainsi que de son état d'excitation. Cela sera expliqué plus loin dans le chapitre "Anatomie des atomes".

9- Ces groupes sont connus des chimistes sous le nom de molécule.

Les dames et les messieurs

Contrairement à ce qui se passe chez les Terriens, les sexes se répartissent par famille : il y a des familles de dames et des

Les principaux Messieurs: ils sont habillés en bleu et portent des haut-de-formes. Le dernier d'entre eux est le lourdaud et irascible Uranium.

familles de messieurs. Les familles de messieurs sont très nombreuses alors qu'il n'y a guère qu'une demi-douzaine de familles de dames. Mais parmi ces dernières, on remarque tout de suite les sœurs Oxygène : elles constituent une famille dominatrice dont les membres représentent près de 62 % de la population totale du monde des atomes. Les sœurs Oxygène réglementent aussi la quasi-totalité des mariages, régnant presque sans partage sur la population masculine.

On trouve bien quelques autres dames, Mesdames Fluor, Chlore, Soufre, mais elles sont peu nombreuses et n'ont qu'une influence très limitée.

Les Dames portent des habits roses et sont coiffées d'un bonnet de dentelle. Elles aspirent toutes au mariage et montrent une forte tendance à l'embonpoint.

Maigrir ou grossir: une question d'excitation

Nous avons vu que les messieurs étaient plutôt fluets alors que les dames montraient une forte tendance à l'embonpoint. Au repos, les messieurs sont assez gros et tiennent leurs mains dans leurs poches. A la moindre excitation, ils sortent les mains des poches et, curieusement, maigrissent. Chez les dames c'est le contraire: Madame Oxygène double presque de taille lorsque l'excitation lui fait sortir les mains de ses poches.

Les chimistes et les cruciverbistes, toujours très intrigués par le monde des Atomes - surnomment *ions* les atomes à l'état excité (ou encore porteurs de charges), plus précisément, *anions* si ce sont des dames, *cations* si ce sont des messieurs.

L'excitation fait maigrir les messieurs...

...mais fait grossir les dames.

Les cruciverbistes connaissent aussi les ions, les cations et les anions !

Les androgynes

On trouve encore quelques familles d'atomes dont les tendances masculines ou féminines ne sont pas très bien marquées et qui, suivant les circonstances, se comportent tantôt comme des dames, tantôt comme des messieurs. Dans cette catégorie nous trouvons principalement les membres des familles Soufre, Arsenic et Antimoine, plus rarement le Carbone.

Tantôt dames, tantôt messieurs, ce sont les Androgynes.

Notons encore que les chimistes regroupent parfois sous le nom de *métalloïdes* tous les atomes qui ne sont pas franchement des messieurs. On y retrouve les dames et les androgynes.

Les célibataires endurcis

Les célibataires endurcis n'ont pas de bras. Ils sont habillés en violet et portent un chapeau rond, comme certains ecclésiastiques.Leur petit nombre et leur air vaporeux les a fait surnommer «les gaz rares».

Bien que les mariages soient la règle dans le monde des atomes, on trouve quelques familles de célibataires endurcis: Messieurs Hélium, Néon, Argon, Crypton, Xénon et Radon. Ils sont habillés en violet et portent un chapeau rond, comme certains ecclésiastiques. Ils ne possèdent pas de bras. Leur air vaporeux et leur très faible abondance les ont fait surnommer les *gaz rares*[10].

Répartition de la population

La répartition de la population entre les 90 familles existantes est très inhomogène. Les derniers recensements[11] ont montré qu'une dizaine de familles représentaient, à elles seules, 99.3% de la population et que les 80 autres familles se partageaient le 0.7% restant !

Parmi ces dix grandes familles on trouve une famille de dames (les sœurs Oxygène) et neuf familles de messieurs. Le tableau ci-contre donne une idée de l'importance numérique de ces familles:

10- A température ordinaire, ces éléments sont toujours à l'état gazeux.

11- Les recensements ne concernent que la croûte terrestre, soit approximativement les trente premiers kilomètres qui se trouvent sous nos pieds.

Les membres de la famille Cuivre, qui nous paraissent être abondants par l'usage qu'en font les Terriens, n'existent en réalité qu'en très faible quantité: deux ou trois atomes sur 100.000 ! Les frères Carbone qui nous semblent abondants par le rôle important qu'ils jouent dans le monde vivant ne représentent que 0.1 % de la polulation. Ne parlons même pas des aristocrates Or, Argent ou Platine, encore bien plus rares, qui ne constituent que moins de un cent-millionième de la population !

Oxygène	61.5%
Silicium	20
Aluminium	6
Hydrogène	2.8
Sodium	2.3
Calcium	1.8
Fer	1.8
Magnésium	1.7
Potassium	1.2
Titane	0.2
autres familles	0.7
total :	100

Dernier recensement effectué au Pays des Atomes (exprimé en pour-cent d'individus)

Les passeports

Afin de bien identifier leurs administrés, les responsables de l'Etat-civil du Monde des Atomes établissent, pour chaque famille, un passeport qui comporte les renseignements suivants :

- nom de famille
- symbole chimique
- matricule ou numéro d'ordre
- poids
- taille
- nombre de bras
- sexe
- signes particuliers

Le passeport décrit généralement les caractères moyens de toute une famille, en particulier le poids qui est une moyenne de ceux des divers isotopes constituant la famille, pondérée par le pourcentage de chacun d'entre eux. C'est pour cette raison que le poids indiqué n'est pas toujours un nombre entier[12]. Sur demande, les isotopes différents d'une même famille peuvent obtenir des passeports séparés.

12- voir les paragraphes «certains atomes ne font pas le poids», p. 12, et «les isotopes» p. 53

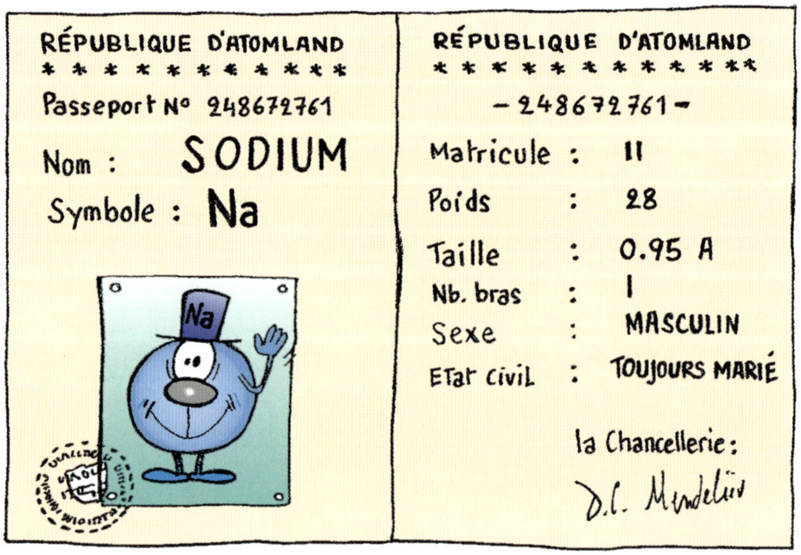

Passeport de la famille Sodium.

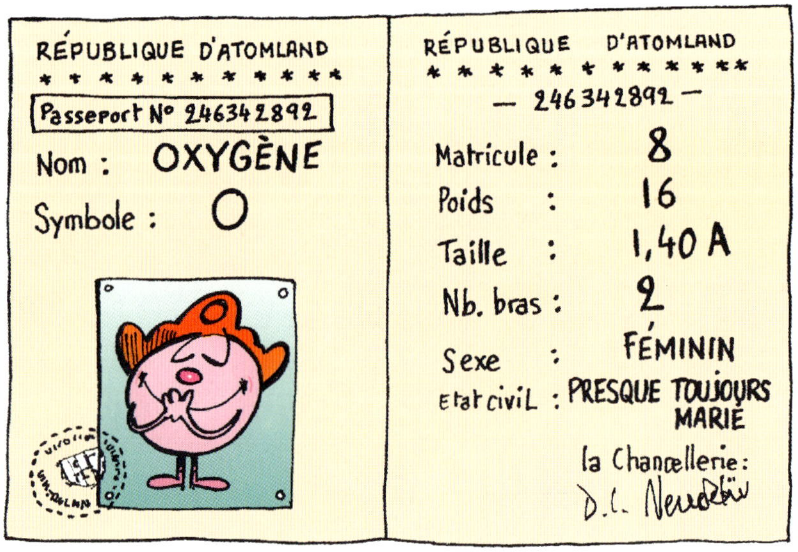

Passeport de la famille Oxygène.

La grande photo de famille[1]

Les diverses classes sociales

Dans le Monde des Atomes la vie sociale est très structurée. C'est le nombre de bras qui détermine le plus sûrement la classe sociale à laquelle appartient un atome. Certaines classes ont des mœurs et des habitudes très strictes, chez d'autres les habitudes sont un peu plus relâchées. D'une manière générale, moins ils ont de bras, plus ils sont sectaires.

Au cours d'une étude sociologique approfondie, le savant russe Mendeleïev avait remarqué qu'en disposant (à quelques interversions près) le petit monde des atomes par poids croissant, on voyait apparaître une périodicité rigoureuse dans l'ordre de placement des individus d'une même classe sociale. Cette périodicité est régie par quatre nombres sacrés: *2, 8, 18* et *32*.

Le service du Contrôle de l'Habitant a pris conscience de l'intérêt d'une telle photo de famille qui permettrait de connaître d'un seul coup d'œil le caractère et les tendances de chaque individu.

Nous avons cherché à nous procurer une photo un peu générale où l'on verrait un représentant de chacune des 90 familles existantes. Nous n'avons trouvé qu'une photo partielle sur laquelle ne figurent que les 18 atomes les plus légers. Nous vous la présentons ci-contre.

L'examen de cette photographie conduit aux

1- connue des chimistes sous le nom de Tableau périodique

LA PHOTO DE FAMILLE

Photo partielle des dix-huit atomes les plus légers

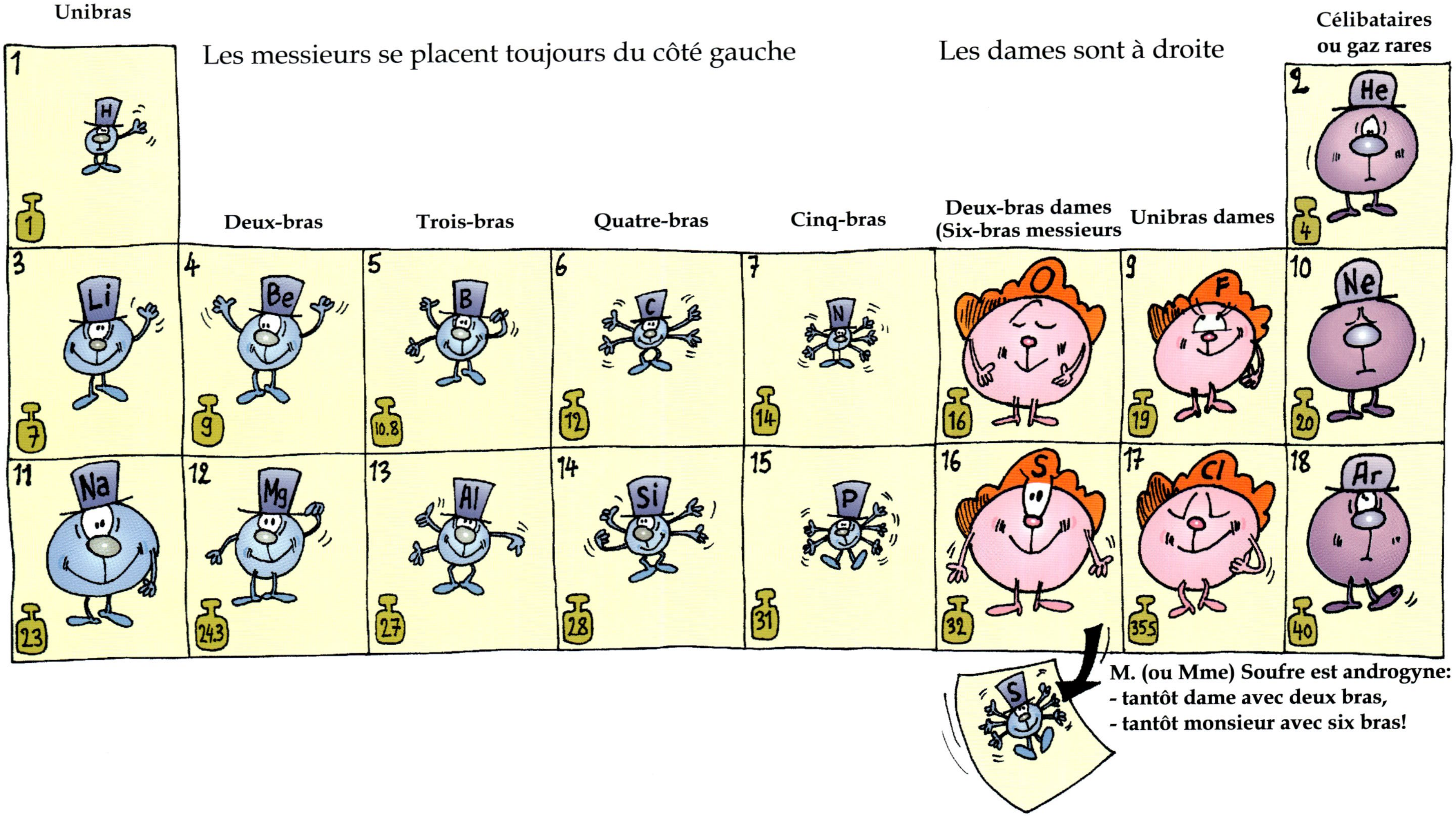

constatations suivantes :

- le poids des atomes croît avec le numéro de matricule;
- les individus situés dans une même colonne appartiennent à la même classe sociale et possèdent un nombre de bras identique
- de gauche à droite on trouve successivement, les unibras, les deux-bras, les trois-bras, etc...
- le nombre de bras est égal :
  au numéro de la colonne pour les messieurs;
  à huit (nombre sacré) moins le numéro de la colonne pour les dames;
- les messieurs occupent la partie gauche de la photo, les dames sont à droite, juste avant la dernière colonne qui, elle, est réservée aux célibataires endurcis;
- la taille des atomes augmente dans une même colonne, du haut vers le bas.
- en ce qui concerne les messieurs, leur taille diminue dans une même rangée avec l'augmentation du nombre de bras.

Pour sa photo de famille, Mendeleïev disposa tout ce petit monde sur une série de sept gradins, plaçant les plus légers sur les niveaux supérieurs, les plus lourds en bas, de la manière suivante :

- première marche : (en haut) 2 personnes, MessieursHydrogène et Hélium,
- deuxième marche: 8 personnes, de Lithium à Néon,
- troisième marche: 8 personnes, de Sodium à Argon,
- quatrième marche: 18 personnes, de Potassium à Krypton,
- cinquième marche: 18 personnes[2], de Rubidium à Xénon
- sixième marche: 32 personnes[2], de Césium à Radon
- septième marche : (en bas) 32 personnes[3], de Francium à Lawrencium

2- Les rangées 5 et 6 comportent chacune une place vide. Ce sont celles de Messieurs Technétium et Prométhéum, morts prématurément de décroissance radioactive galopante.

3- La rangée inférieure aurait dû aussi compter 32 personnes, mais elle est restée incomplète car on n'a pas trouvé suffisamment d'atomes dans la nature pour occuper toutes les places. En réalité, Mendeleïev n'a trouvé que 6 personnes pour cette dernière marche, Messieurs Francium, Radium, Actinium, Thorium, Protactinium et Uranium. Depuis lors, les généticiens terriens ont réussi à créer artificiellement une douzaine de familles qui ont trouvé place sur ce niveau. Mais il sont tous instables et leur espérance de vie n'est pas très grande.

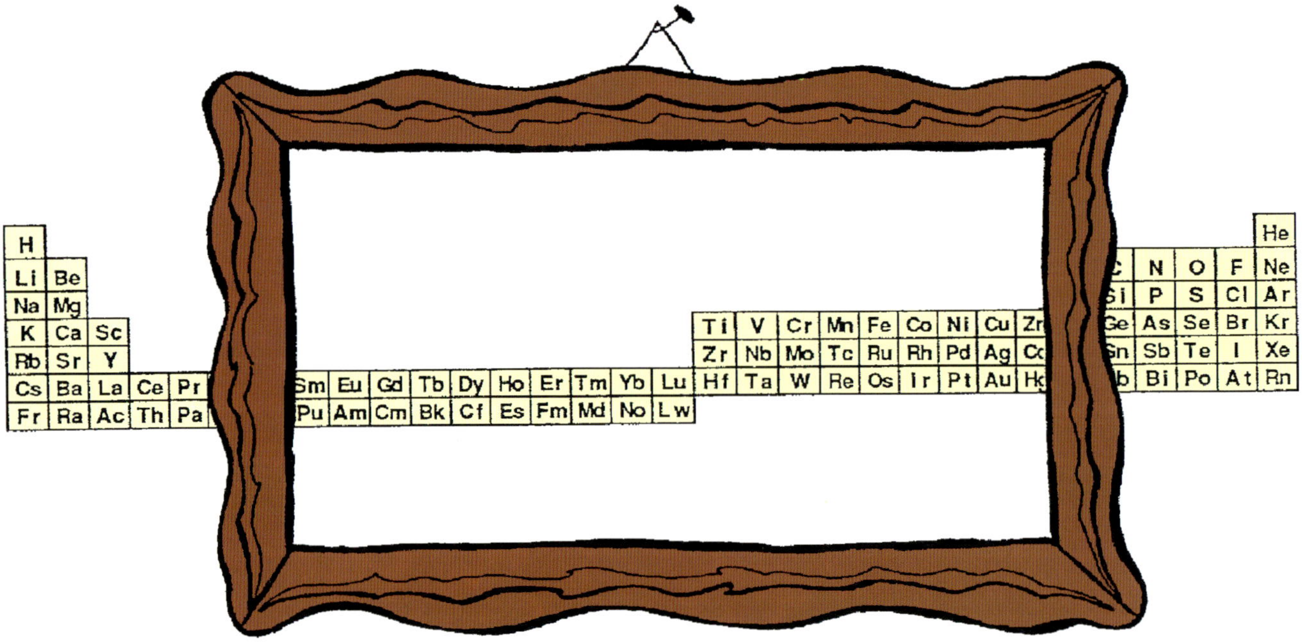

Il est difficile de faire entrer la photo dans un cadre standard.

Malheureusement cette disposition n'est pas très commode: les rangées supérieures sont très clairsemées et il est difficile de trouver un cadre qui ait une proportion si peu commune pour y loger la photographie. Aussi les successeurs de Mendeleïev ont-ils pris l'habitude de retrancher 14 atomes de chacune des rangées les plus longues (celles de 32 places) pour les disposer sur deux rangées supplémentaires en bas à droite. Les chimistes ne se séparent jamais de cette photo de famille qu'ils ont baptisée prosaïquement «Tableau périodique des éléments». Ils ont enfermé les atomes dans des «cases» à l'intérieur desquelles ils ont inscrit les principales caractéristiques de chacun d'eux: nom de famille, symbole, numéro d'ordre (ou numéro atomique), poids, nombre de bras (qu'ils nomment curieusement «état d'excitation»), taille, plus encore divers autres renseignements (voir annexe I).

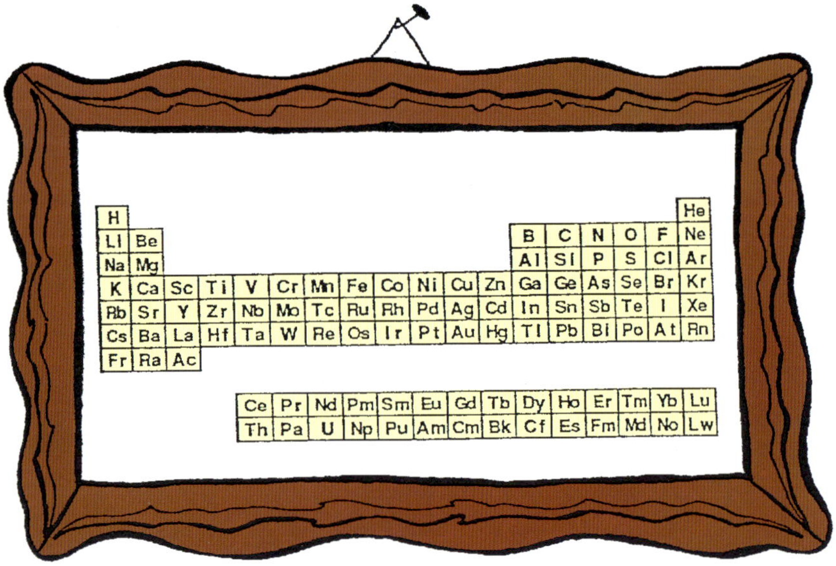

Photo de famille tronquée pour pouvoir entrer dans le cadre standard.

La classe des unibras

Les unibras sont plutôt fondamentalistes. Ils montrent une grande homogénéité de caractères et d'habitudes, et obéissent à des traditions très strictes. On y rencontre principalement Messieurs Lithium, Sodium, Potassium et Mesdames Fluor, Chlore, Brome et Iode. A l'exception du petit Hydrogène, les messieurs se comportent comme des métaux brillants de faible densité avec un point de fusion assez bas.

Les unibras fournissent des personnages de premier plan, en particulier MM. Sodium et Potassium ainsi que le petit Hydrogène. Séduisantes et corrosives, Mmes Chlore et Fluor ne restent jamais célibataires.

Ils sont très portés sur les dames et ne restent jamais célibataires. Ils se lient souvent avec Mesdames Fluor et Chlore, deux dames influentes de la même classe sociale pour former les couples NaCl (halite) et KCl (sylvine), bien connus des amateurs de minéraux, ou le dangereux HF (acide fluorhydrique). Les deux principales représentantes féminines de cette classe sont très vaporeuses[4] et elles montrent un certain embonpoint. Séduisantes, très agressives, elles ne restent pratiquement jamais célibataires.

Le dangereux couple acide fluorhydrique.

4- *Elles existent sous forme de gaz pendant les rares instants où elles sont célibataires.*

La classe des deux-bras

Bien qu'un peu moins fondamentalistes que les unibras, les deux-bras constituent néanmoins une classe bien unie. Les messieurs ont aussi un aspect de métal avec une densité assez faible, mais leur point de fusion est déjà plus élevé que celui de leurs voisins, les unibras. C'est à la classe des deux-bras qu'appartient Mme Oxygène qui, nous le verrons plus loin, arrange la plupart des mariages du pays. Mme Soufre est un peu moins enthousiaste pour le mariage que sa voisine du dessus et montre parfois des tendances androgynes. Elle a tout de même un faible pour Messieurs Fer, Plomb, Zinc et Cuivre, des amis d'une autre classe sociale, avec qui elle contracte des alliances que les minéralogistes ont baptisées pyrite (FeS_2), galène, (PbS) blende (ZnS) et chalcopyrite ($CuFeS_2$).

En plus de l'omniprésente Madame Oxygène, cette classe fournit également deux personnages qui jouent un rôle très importants dans la croûte terrestre: Messieurs Magnésium et Calcium. Signalons encore le léger Béryllium et le lourdaud Barium.

Deux dames importantes font partie de la classe des deux-bras.

La classe des trois-bras

Un seul membre de cette classe joue un rôle important. Il s'agit de Monsieur Aluminium, un garçon un peu léger, mais qui noue pourtant de solides unions avec les sœurs Oxygène. En effet, on trouve parfois des communautés constituées de deux frères Aluminium et de trois sœurs Oxygène, connues sous le sigle Al_2O_3, et pouvant former, si elles sont assez nombreuses, le minéral appelé corindon. Les autres membres de cette classe sont assez effacés et peu nombreux. Il n'y a pas de dames.

Monsieur Aluminium est le seul représentant important de la classe des trois-bras.

La classe de quatre-bras

On rencontre dans cette classe quelques personnages très en vue, en particulier Messieurs Silicium et Titane qui montrent une attirance extrême pour les sœurs Oxygène, formant les trios SiO_2 (le quartz) et TiO_2 (le rutile). Il y a aussi un person-

Chez les quatre-bras, on rencontre des gens très connus.

Le couple CO est très dangereux et peut vous asphyxier si vous ne vous en méfiez pas. Il aspire à séduire une seconde demoiselle Oxygène...

nage assez original: c'est le père Carbone. Très polyvalent, il peut rester célibataire ou se lier à Madame Oxygène pour former une union incomplète, le dangereux couple CO qui peut vous asphyxier si vous ne vous en méfiez pas, ou le trio CO_2 qui préoccupe actuellement beaucoup les écologistes. Le carbone est aussi un des principaux actionnaires des sociétés pour les hydrocarbures et il est aussi fortement engagé dans l'organisation de la matière vivante !

pour former le trio CO_2 qui donne tant de soucis aux écologistes.

Le père carbone est à l'origine de la vie !

Le père carbone joue un rôle très important: souvent il folâtre avec le petit Hydrogène, formant des petits groupes, de longues farandoles ou des anneaux, qui tous constituent le club très courtisé des *hydrocarbures*. Ce club peut s'élargir, par l'admission d'autres membres, en particulier les frères Azote et les sœurs Oxygène, pour constituer des groupes plus importants connus sous le nom de *molécules organiques*. Ces associations sont très importantes car ce sont elles qui sont à l'origine de la vie.

La farandole de butane C_4H_{10} appartient à la grande société des hydrocarbures.

La classe des sans-bras

C'est une classe à part, très sectaire. Ses membres ne se lient jamais à personne. Ces célibataires endurcis, peu nombreux, sont gazeux à température ordinaire.
On les appelle les *Gaz rares*. Le plus connu d'entre eux, le néon, peut être excité par des décharges électriques à l'intérieur d'un tube de verre. Il dégage alors une lumière bleuâtre : ce sont les tubes fluorescents, communément appelés «tubes néon».

Les sans bras sont très sectaires. Ce sont des célibataires endurcis qui ne se lient jamais à personne.

Les autres classes sociales

Elles sont beaucoup moins strictes et structurées que les classes précédentes, et les individus qui les composent ne sont que peu attachés à des traditions rigoureuses. Il n'y a aucune dame parmi eux. Ils ont tous des propriétés de métaux, leur densité est plutôt élevée et ils conservent très souvent un ou quelques bras dans leurs poches qu'ils ne sortent que dans certaines occasions. Ils ne montrent pas tous un grand enthousiasme pour le mariage et peuvent même rester assez longtemps célibataires. Beaucoup d'entre eux sont bien connus à cause des services qu'ils rendent aux Terriens. Citons Messieurs Fer, Cuivre, Nickel, Manganèse, Argent, Or, Platine et bien d'autres encore.

Soumis à de vigoureux électrochocs, les gaz rares émettent de la lumière.

Les mariages au Pays des Atomes

Le mariage est de règle au pays des atomes. Presque tout le monde est lié à un ou plusieurs autres atomes, le plus souvent par l'intermédiaire de l'agence matrimoniale des sœurs Oxygène, qui possèdent un quasi monopole dans ce domaine. Seuls, les célibataires endurcis - les gaz rares - ainsi que quelques aristocrates, comme Messieurs Or et Platine, échappent à cette emprise. Quelques autres encore essayent de se soustraire à cette obligation. Parmi eux, citons Messieurs Soufre, Carbone, Cuivre[1]. Cependant ils n'échappent jamais bien longtemps au mariage et finissent presque toujours par se soumettre aux usages en cours du Pays des Atomes[2].

Les mariages obéissent à quelques règles simples:

1. Les unions possibles sont la monogamie, la polygamie, la polyandrie, les communautés.
2. Les partenaires doivent globalement compter autant de bras féminins que masculins.
3. Toutes les mains doivent être liées à des mains d'atomes de sexe opposé.

1- On appelle "éléments natifs" les substances naturelles constituées d'un seul élément. Parmi eux notons l'or, le platine, le cuivre, le soufre, le carbone (diamant, graphite).

2- Pour leur usage personnel, les Terriens obligent certaines familles d'atomes à divorcer et à devenir célibataires. Ils ont ainsi asservi les familles Fer, Cuivre, Plomb, Zinc et bien d'autres encore. Mais les soeurs Oxygène veillent et, sournoisement, elles minent les efforts des Terriens. Elles obligent le fer à rouiller, le cuivre à se recouvrir de vert-de-gris et elles oxydent le zinc et le plomb.

4. Les couples ou les groupes ainsi constitués portent le nom de «*molécule*». Pour les identifier on les désigne par la liste des symboles des partenaires associés, affublés chacun d'un nombre en indice qui indique combien ils sont. Très souvent aussi, on leur attribue un nom patronymique particulier.

Monsieur Sodium est monogame: sa main unique tient fermement celle de Madame Chlore.

Monsieur Titane est polygame. Lié à deux soeurs Oxygène, il forme l'union TiO_2, connue des minéralogistes sous le nom de rutile.

La polyandrie existe aussi. Ici, Mademoiselle Soufre a mis la main sur deux frères Argent. Les chimistes nomment cette union disulfure d'argent. Les minéralogistes parlent d'argentite.

Mais le plus souvent, les atomes vivent en petites communautés. Ici, deux frères Fer se sont mis en ménage avec trois soeurs Oxygène. C'est le sesquioxyde de fer Fe_2O_3 des chimistes ou l'hématite des minéralogistes.

Les certificats de mariage

Il n'existe qu'un seul régime matrimonial au Pays des Atomes: la communauté des biens. Les propriétés nouvelles des molécules que constituent ces communautés, sont décrites dans les certificats de mariage qu'établissent les responsables de l'Etat-

1

Certificat de mariage de la famille SiO_2.

Certificat de mariage

Par devant nous ont été unis par le mariage :

Monsieur ***Silicium*** et deux soeurs de la famille ***Oxygène***

La communauté ainsi formée portera les noms et symbole suivants :

Patronyme : ***Oxyde de silicium***

Symbole : ***SiO_2***

Autres noms : ***Silice, quartz, opale, calcédoine, agate, améthyste...***

Les propriétés qui découlent de cette union sont les suivantes :

Poids moléculaire	: 60.08 [gronsl	Point de fusion	: 1610° [C]
Poids spécifique	: 2.65 [gr/cm3]	Point d'ébullition	: ~2500° [C]
Indice de réfraction	: 1.54	Dureté	: 6

Signes particuliers : union très stable, insoluble dans les acides, cristallise dans le système rhomboédrique.

Origine: un des constituants des granites, des gneiss. La désagrégation de ces roches produit le sable des rivières, des lacs et des océans. Les cycles sédimentaires les transforment en en grès et en quartzites.

Usage: Matière première pour l'industrie du verre. Utilisé pour ses propriétés piézo-électriques en électronique. Entre dans la composition des bétons.

civil. Une des principales caractéristiques des molécules est leur poids, qu'on appelle *poids moléculaire.* On le trouve facilement en additionnant les poids atomiques de tous les membres de la communauté. Sur le certificat de mariage figurent encore divers renseignements, tels les points de fusion et d'ébullition, le poids spécifique, l'indice de réfraction et d'éventuels signes particuliers.

Les noms patronymiques des molécules

Les nouveaux noms des communautés matrimoniales sont très ronflants, comme dans l'ancienne noblesse. Ainsi le couple désigné par NaCl porte un beau nom à particule : Monsieur et Madame *Chlorure de Sodium.* On peut donc constater que, contrairement à l'usage en cours chez les Terriens, c'est le nom de la femme qui constitue le fondement du patronyme.

C'est ainsi que toutes les unions, dans lesquelles Madame Chlore est une partenaire importante, adopteront un nom commençant par «Chlorure de...». Toutefois les noms peuvent différer d'une corporation à l'autre. L'abréviation «NaCl» ainsi que le nom complet «Chlorure de Sodium» sont des termes de chimistes. Mais les minéralogistes confèrent des noms particuliers aux substances chimiques qui forment de beaux cristaux: ils appellent *halite* le minéral constitué de NaCl, alors que dans le langage des épiciers et des ménagères on ne le connait guère que sous le nom de *sel de cuisine!*

Monsieur et Madame Chlorure de Sodium portent un beau nom à particule.

Mais les minéralogistes préfèrent les appeler *halite*...

...alors que les épiciers et les ménagères ne les connaissent guère que sous le nom de *sel de cuisine* !

Certains atomes peuvent parfois rester célibataires

Certains atomes, habituellement très portés sur le mariage, comme Mesdemoiselles Oxygène ou Messieurs Hydrogène, peuvent, s'ils n'ont pas eu l'occasion de trouver un partenaire, vivre un certain temps non mariés. Toutefois ils détestent la solitude et dans leur célibat momentané, ils se promènent toujours deux par deux, se tenant par la main. C'est le cas des sœurs Oxygène lorsqu'elles se déplacent dans l'atmosphère. On les désigne alors par les symboles O_2. Parfois même, mais beaucoup plus rarement, on peut rencontrer les sœurs Oxygène trois par trois (O_3). Ce dernier trio préoccupe beaucoup les Terriens : ils l'ont baptisé *Ozone* et s'inquiètent beaucoup de sa raréfaction grandissante dans les hautes couches de l'atmosphère!

D'autre atomes encore peuvent se complaire dans l'état de célibat. C'est par exemple le cas de Messieurs Cuivre, Fer ou Argent qui peuvent se ballader tranquillement

Voici deux soeurs Oxygène qui se promènent dans l'atmosphère. Elles se tiennent par la main, faute d'avoir pu trouver encore un parti honorable.

Plus rarement elles se promènent par groupes de trois. Ce petit groupe, qui porte le nom d'ozone, est très efficace pour filtrer les rayons ultraviolets du Soleil. Leur raréfaction dans la haute atmosphère inquiète beaucoup les écologistes.

Les soeurs Oxygènes guettent sournoisement les atomes encore célibataires.

les mains dans les poches. En réalité ce sont surtout les Terriens qui les forcent à rester célibataires pour les usages qu'ils en font. Toutefois, les sœurs Oxygène veillent sournoisement et sont prêtes à oxyder l'argent et le cuivre et à rouiller le fer.

Une rencontre explosive

Si d'aventure, quelques sœurs Oxygène célibataires rencontrent quelques frères Hydrogène, marchant eux aussi deux par deux, et que la chaleur ambiante soit suffisamment élevée pour vaincre leur timidité, ils tombent brusquement dans les bras les uns des autres dans une violente explosion de joie pour constituer des molécules qui réunissent chacune une demoiselle Oxygène à deux frères Hydrogène. Ces groupes nouveaux sont très connus sous le nom de H_2O ou «molécule d'eau». Les chimistes, réfractaires à la poésie, décrivent ce genre d'histoire émouvante à leur manière:

$$O_2 + 2\,H_2 \Rightarrow 2\,H_2O$$

Au cours d'une promenade, deux soeurs Oxygène rencontrent quelques frères Hydrogène...

Cet exemple fait ressortir une caractéristique curieuse de la cérémonie de mariage : si l'atmosphère est très chaleureuse, il y a augmentation de la température ambiante avec un dégagement de chaleur plus ou moins important. Dans le cas de l'union de deux frères Hydrogène avec une demoiselle Oxygène, le dégagement de chaleur est tel qu'il peut conduire à une forte explosion. Les Terriens provoquent des unions de ce type pour obtenir des températures élevées : ce sont les chalumeaux oxhydriques ! Dans certains cas contraires, l'ambiance peut devenir glaciale et tout le monde est refroidi. Les chimistes, qui aiment bien montrer qu'ils connaissent le grec, parlent d'une réaction *exothermique* lorsqu'il y a dégagement de chaleur, *endothermique* lorsqu'il y a refroidissement.

...la chaleur ambiante les aide à vaincre leur timidité et, dans une grande explosion de joie, ils contractent les unions H_2O, bien connues des Terriens sous le nom de molécules d'eau.

Les mariages ne durent pas toujours très longtemps

Les unions ne sont jamais définitives. Il arrive très souvent, lorsqu'une molécule en rencontre une autre, que des affinités plus fortes que les liens du mariage entraînent l'un des partenaires d'une union vers un partenaire de l'autre union. C'est ainsi que lorsque le couple HCl rencontre la molécule NaOH, l'inconstant Sodium quitte l'union NaOH pour rejoindre Madame Chlore et constituer avec elle la molécule NaCl. Les deux frères Hydrogène n'ont plus qu'à se mettre en ménage avec la dame Oxygène laissée pour compte, pour former la molécule H_2O, déjà décrite plus haut sous le nom de molécule d'eau. Toujours dans le langage des chimistes, cette romanesque aventure s'écrit :

Acide chlorhydrique + Soude caustique ⇒ Chlorure de sodium + Eau

ou, en abrégé :

$$HCl + NaOH \Rightarrow NaCl + H_2O.$$

Ils appellent prosaïquement ce genre d'aventure: *«réaction chimique»!*

Les Terriens sont passés maîtres dans l'art de provoquer les divorces et forcer les atomes à des unions nouvelles qui n'existent pas toujours dans la nature, tout cela pour leur confort ou pour les besoins de leur industrie. Ils appellent cela la *chimie appliquée.*

Au cours d'une promenade, le couple HCl rencontre le trio NaOH. Quelques idées de changement germent dans les esprits.... Madame Chlore et Monsieur Sodium se mettent alors en ménage, confiant la garde des deux petits Hydrogène à Madame Oxygène qui s'en accomode fort bien !

L'organisation sociale des molécules

L'agitation sociale est permanente

Dans le monde des atomes, tous les personnages sont joyeusement agités par des mouvements dansants incessants. Certains même se déplacent infatigablement à toute vitesse, en tous sens, rebondissant contre leurs congénères ou contre les obstacles qu'ils rencontrent. Cette agitation est permanente. Mais contrairement aux Terriens qui s'agitent et battent des pieds pour se réchauffer lorsqu'il fait froid, les habitants du Monde des Atomes sont d'autant plus agités qu'il fait plus chaud. Cette agitation diminue lorsqu'il fait plus froid et ils tombent même en léthargie lorsque la température s'approche de 273,2° au dessous de zéro. Cette température extrême est appelée *zéro absolu*. Les physiciens ont démontré qu'il était impossible d'obtenir une température inférieure à cette limite.

Plus il fait chaud, plus les atomes sont agités.

Le froid les paralyse. Aux alentours de -273° [C], ils tombent en léthargie.

L'instinct grégaire pousse les molécules à se réunir par clans

Les molécules semblables - ainsi que les rares atomes célibataires d'une même famille - ont une forte tendance à se grouper en clans distincts les uns des autres. C'est une certaine force d'attraction qui pousse les mêmes atomes et les mêmes molécules à se serrer les uns contre les autres. Ces clans présentent une forte densité de population s'ils sont sous forme solide ou liquide. La densité est plus faible s'il s'agit d'un gaz. Par exemple, un rubis[1] de 20 carats (4 gr. et 1 cm^3) est un clan qui réunit environ 20'000 milliards de milliards de molécules d'Al_2O_3 serrées les unes contre les autres. Un centimètre cube d'eau renferme 34.000 milliards de milliards de molécules d'eau, alors qu'un même centimètre cube de vapeur d'eau ne contient «que» 28 milliards de milliards de ces mêmes molécules, soit environ 1200 fois moins.

Les trois sortes de clans[2]

Chacun peut constater, qu'à pression ordinaire, le clan H_2O (l'eau) existe sous forme liquide entre 0° et 100°, sous forme gazeuse au-dessus de 100° (la vapeur d'eau) et sous forme solide en dessous de 0° (la glace). On peut se demander ce qui conditionne l'existence d'un état plutôt qu'un autre ?

La réponse se trouve dans le comportement social des atomes et des molécules. Prenons l'exemple de la molécule H_2O :

1. Au-dessus de 100° les molécules d'eau sont très agitées et elles parcourent l'espace à grande vitesse, rebondissant les unes contre les autres ou contre divers obstacles. La force d'attraction des molécules les unes pour les

1- *Variété précieuse de corindon de couleur rouge.*

2- *Les physiciens parlent des trois états de la matière.*

L'état gazeux: les molécules se déplacent à grande vitesse, rebondissant sur les obstacles qu'elles rencontrent.

autres est beaucoup trop faible pour stopper l'une d'entre elles dans sa course folle, lorsqu'elle passe à proximité d'une autre: c'est alors *l'état gazeux.*

2. Lorsque la température baisse, la vitesse des molécules diminue et, à un moment donné, cette force d'attraction arrive à maintenir les molécules les unes près des autres, sans toutefois parvenir à leur assigner des emplacements fixes: c'est l'état liquide. Les molécules sont toujours agitées. Elles se déplacent les unes par rapport aux autres, se bousculant dans une foule dense de molécules identiques, sans trop chercher à échapper à cette concentration. Mais il faut un récipient pour en retenir une quantité importante car la force qui les maintient toutes ensemble est tout juste suffisante pour leur permettre de constituer des petites gouttes.

L'état liquide: les molécules s'accrochent mollement les unes aux autres. Il faut un récipient pour les contenir.

3. Lorsque la température baisse encore, l'agitation des molécules diminue et les forces d'attraction parviennent à maintenir chacune d'elles à une place fixe: c'est *l'état solide.* Mais, toujours nerveuses, elles s'agitent sur place, en proie à une sorte de vibration, sans toutefois pouvoir quitter l'emplacement qui leur a été assigné. Il faut vraiment que la température s'approche très près de 273,2° au-dessous de zéro pour que leur agitation cesse enfin et qu'elles tombent en léthargie.

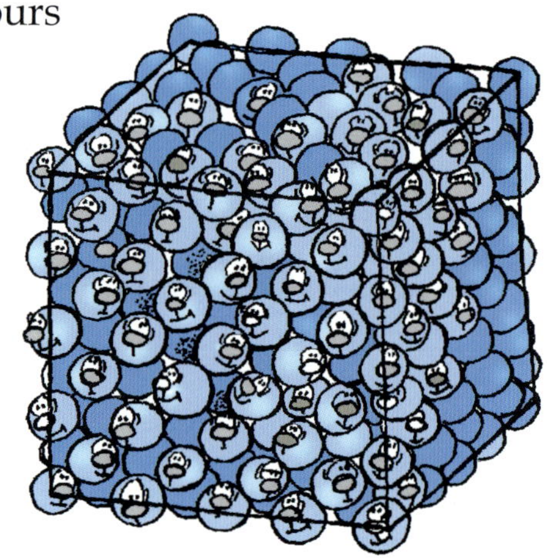

L'ordre règne dans l'état cristallin.

L'état cristallin

Lorsque les atomes (ou les molécules) se réunissent pour constituer un solide, ils ne s'immobilisent pas n'importe où mais bien à des emplacements très précis qui déterminent une configuration générale géométrique qui se répète, toujours identique à elle-même, dans les trois directions de l'espace. Cet état ordonné de la matière solide s'appelle *l'état cristallin.*

Pratiquement, toutes les substances minérales solides sont à l'état cristallin. Seuls les verres et les plastiques font exception, ne présentant pas une structure atomique ordonnée. On parle alors *d'état amorphe.*

Si nous prenons l'exemple du couple NaCl, nous constatons que Mme Chlore et M. Sodium sont immobilisés alternativement le long des arêtes imaginaires d'un cube. Cette disposition se reflète sur la forme des cristaux de NaCl (ou sel de cuisine). Vous pouvez vous en rendre compte en examinant à la loupe le dépôt de sel résultant de l'évaporation lente d'une solution d'eau salée : ce sont de petits cubes !

Ce qu'il y a de plus remarquable dans l'état cristallin, c'est que la notion de mariage change de sens. Une super-communauté réunissant des myriades d'unions matrimoniales identiques prend forme et tous les atomes présents constituent alors une immense communauté faite de milliards de milliards d'atomes, mais dans une proportion d'atomes qui est toujours la même que dans la molécule originelle. Ainsi dans un cube de sel de cuisine d'un cm d'arête, on dénombre 22'500 milliards de milliards d'atomes de Chlore ainsi qu'un nombre identique d'atomes de Sodium.

Halite (NaCl)

Hématite (Fe_2O_3)

Collection et photos: Muséum de Genève

L'anatomie des atomes

Les divers organes des atomes

Les physiciens qui ont étudié l'anatomie des atomes, ont découvert qu'ils étaient constitués essentiellement *d'électrons,* petites particules extrêmement légères, - elles pèsent environ 0.00054 gron - porteuses chacune d'une charge électrique négative. Extrêmement agités, les électrons parcourent, dans une ronde vertigineuse, des orbites très diverses autour d'un *noyau* central extrêmement petit qui constitue le cœur de l'atome. Le volume grossièrement sphérique défini par les orbites extérieures des électrons constitue le volume de l'atome, déterminant du même coup sa taille.

Le cœur de l'atome est constitué de deux sortes de particules, les neutrons et les protons, qui sont agglutinés en son

Les principaux organes des atomes. Le proton montre des caractères masculins, le neutron est un célibataire endurci et le petit électron se comporte comme une dame.

centre, maintenus ensemble par des forces très puissantes, formant un noyau dont le rayon est environ 100.000 fois plus petit que celui de l'atome lui-même ! Les constituant fondamentaux de l'atome sont donc :

- Le proton, particule comportant une charge électrique positive. Il pèse environ 1 gron. Il en faut 602'200 milliards de milliards pour faire un gramme! Cela correspond approximativement au poids d'un des frères Hydrogène.
- Le neutron, particule de poids pratiquement identique à celui du proton, mais sans charge électrique.
- L'électron, particule environ 1840 fois plus légère qu'un neutron ou qu'un proton, comportant une charge électrique négative. Au repos, un atome possède autant d'électrons que de protons.

Caractéristiques des constituants des atomes

		masse	*charge*	*état*	*rémission*	*produits de désintégration*
Noyau central	Proton	1.016	+1	stable		
	Neutron	1.017	0	instable	18 min.	proton+électron[2]
Enveloppe	Electron	0.0006	-1	stable		

1- lorsqu'il est isolé, hors d'un noyau
2 - en réalité il y a aussi émission d'un neutrino, particule quasiment indétectable qui intéresse beaucoup les astrophysiciens, mais qui appartient au Monde étrange des particules...

Chaque famille d'atome est caractérisée par le nombre de protons et de neutrons qui forment son noyau. Toutefois, si le nombre de protons est impérativement fixe, celui des neutrons varie légèrement entre les différents isotopes d'une même famille. C'est grâce à la grande photo de famille qu'on peut connaître le nombre de protons, de neutrons et d'électrons qui caractérise chaque famille d'atomes. Les règles sont les suivantes :

- Le nombre de protons est égal au numéro d'ordre de la famille;

- Le poids atomique est égal à la somme des protons et des neutrons;
  en conséquence :
- Le nombre de neutrons est égal au poids atomique moins le numéro d'ordre (ou numéro atomique);
- Le nombre d'électrons est égal[1] au nombre de protons (ou numéro d'ordre de la famille).

Ainsi, en pratiquant l'autopsie de M. Potassium, on trouve 19 protons et 20 neutrons agglutinés dans le noyau et 19 électrons constituant son enveloppe externe. Ces résultats sont consignés dans son passeport !

L'autopsie de Monsieur Potassium révèle l'existence de 19 protons, 20 neutrons et 19 électrons.

Les électrons déterminent le comportement social des atomes

Dans leur ronde vertigineuse, les électrons parcourent des orbites très diverses autour du noyau central. La force centrifuge qui tend à les éloigner du noyau est en équilibre avec la force d'attraction des protons qui les retiennent ainsi dans leur zone d'influence.

Les emplacements de ces orbites ne sont pas quelconques mais dépendent de règles assez compliquées. Au fur et à mesure que le nombre d'électrons augmente, les derniers arrivés occupent des orbites de plus en plus éloignées du noyau. La limite extérieure de la zone d'activité des électrons peut être assimilée grossièrement à une sphère qui constitue, dans notre mode imaginaire, la taille des atomes. On peut grouper les orbites par niveaux d'énergie successifs. On découvre

1- *Attention ! Il s'agit du nombre d'électrons lorsque l'atome est au repos, non excité et avec tous ses bras dans sa poche, ce qui est rarement le cas. En fait, pour chaque bras actif, les messieurs perdent un électron. C'est le contraire chez les dames : pour chaque bras en activité elles gagnent un électron !*

Structure de l'atome d'Hélium: le noyau (grossi 100'000 fois) est constitué de deux protons et deux neutrons. Deux électrons gravitent à grande vitesse sur des orbites éloignées du noyau.

alors que les atomes appliquent le *nombre sacré huit*[2] aux électrons qui sont répartis sur le niveau le plus extérieur: les atomes ne se sentent bien dans leur peau que lorsqu'il y a huit électrons sur l'orbite la plus extérieure. Ainsi, Monsieur Sodium, qui ne compte qu'un seul électron sur sa couche extérieure, cherche à expulser celui-ci. Cette expulsion a pour conséquence de lui faire apparaître un bras et de le faire maigrir un peu! Son collègue Silicium se promène avec quatre bras, parce qu'il a dû expulser quatre électrons pour respecter le nombre sacré huit. Madame Chlore, qui possède normalement sept électrons sur sa couche externe, préfère capturer un électron supplémentaire pour satisfaire la règle de *huit.* Du même coup un bras lui apparaît. Les sœurs Oxygène, qui doivent capturer deux électrons pour compléter leur couche

Monsieur Sodium expulse un électron et sort un bras de sa poche. C'est un cation.

2- Messieurs Hydrogène et Hélium sont des cas particuliers : ils vénèrent le nombre 2 !

Les atomes qui captent des électrons sont des dames. Les chimistes les appellent anions. Pour chaque électron capturé, elles gagnent un bras et prennent de l'embonpoint

externe qui n'en comporte que six, se retrouvent du même coup avec deux bras. Mesdames Chlore et Oxygène prennent un peu d'embonpoint[3] au passage !

Les atomes qui ont capturé des électrons supplémentaires possèdent un excès de charges négatives égal à leur nombre de bras. Les chimistes les appellent anions. Dans le Monde des Atomes ce sont les dames.

Ceux qui ont expulsé des électrons ont gagné un excès de charges positives égal à leur nombre de bras. Les chimistes les appellent cations. Dans le Monde des atomes, ce sont les messieurs.

On constate donc que ce sont les électrons qui déterminent le comportement social des atomes[4] : taille, nombre de bras, sexe, affinité plus ou moins grande pour le mariage.

3- La capture d'électrons fait grossir l'atome, la cession d'électrons le fait maigrir.

4- soit toutes les propriétés chimiques ainsi que la plupart des propriétés physiques.

Les électrons sont des «grains» d'électricité

Dans un fil électrique, les frères Cuivre sont tous maintenus par les Terriens dans l'état de célibat. Ils sont obligés de se tenir par la main, et les électrons qu'ils ont dû expulser circulent librement entre eux. Les Terriens ont mis au point diverses pompes à électrons - pile, batterie, dynamo, alternateur - qui font circuler ces électrons libres : c'est *l'électricité.*

Le courant électrique n'est donc rien d'autre que le déplacement forcé d'électrons dans un conducteur métallique. S'ils se déplacent toujours dans la même direction, c'est un courant continu: s'ils ne font qu'aller et venir sous la pulsion d'un alternateur c'est le courant alternatif! L'électron peut donc être considéré comme un «grain» unitaire d'électricité

Le noyau quant à lui, constitué des protons et des neutrons, est responsable du poids de l'atome. Il est en outre à l'origine de deux maladies génétiques qui affectent certaines familles d'atomes: la décroissance radioactive et la fission nucléaire. Nous les décrirons au chapitre suivant.

Les générateurs électriques sont des «pompes à électrons»: ils font circuler les électrons libres des atomes métalliques.

Le nombre huit, les dames, les messieurs et les autres

Il y a donc une relation étroite entre la nécessité d'expulser ou de capter des électrons et les tendances affectives des atomes. On peut résumer cette relation par les règles suivantes :

1. Les atomes qui expulsent des électrons sont des messieurs. Ils acquièrent autant de bras qu'ils ont expulsé d'électrons (les chimistes les appellent cations).
2. Les atomes qui captent des électrons sont des dames. Elles possèdent autant de bras qu'elles ont capté d'électrons (les chimistes les appellent anions).
3. Les atomes qui n'ont besoin ni de capturer ni d'expulser d'électrons pour satisfaire à la règle de huit sont les célibataires endurcis. Ce sont les gaz rares. Ils n'ont pas de bras.
4. Certains atomes, qui hésitent entre capturer ou expulser des électrons sont tantôt dames, tantôt messieurs, suivant la solution qu'ils ont adoptée pour satisfaire au nombre huit. Ce sont les androgynes.

La famille Soufre est dans ce dernier cas. Chaque individu au repos possède 6 électrons sur sa couche externe. Les membres de cette famille hésitent souvent devant l'alternative suivante :

- soit ils capturent 2 électrons supplémentaires pour atteindre le nombre huit, ce qui les transforme en grosses dames à 2 bras;
- soit ils abandonnent 6 électrons, ce qui les transforme en petits messieurs à 6 bras.

Monsieur Aluminium est un cation.

Madame Oxygène est un anion.

Parfois anion, parfois cation, Monsieur (ou Madame) Soufre est androgyne.

Ni cation, ni anion, le frère Néon reste en dehors du monde.

Protons et neutrons

La masse des électrons ne dépasse jamais 0,05 % de la masse totale d'un atome. Cela signifie pratiquement que la quasi-totalité de la masse est renfermée dans les protons et les neutrons, eux-mêmes concentrés dans le noyau central de chaque individu. Ce noyau est environ 100.000 fois plus petit que l'atome lui-même.

C'est le nombre de protons qui caractérise une famille d'atomes. Ainsi les membres de la famille Carbone ont toujours 6 protons; ceux de la famille Cuivre 29 protons et ceux de la famille Uranium 92 protons. Ce nombre correspond au numéro de matricule ou numéro atomique.

Les neutrons accompagnent toujours les protons. Seul le petit Hydrogène n'en possède pas. Toutes les autres familles renferment des neutrons en nombre à peu près égal ou légèrement supérieur à celui des protons, pour les familles les plus légères. Les atomes plus lourds renferment plus de neutrons que de protons dans une proportion qui peut aller jusqu'à une fois et demie le nombre des protons.

Dans certaines circonstances, un neutron[5] peut se transformer en proton après avoir éjecté un électron. Il ne s'agit pas d'un des électrons qui gravitent autour du noyau, mais bien d'un électron[6] qui appartenait à la structure même du neutron. Nous verrons plus loin la signification de ce genre de comportement.

5- Il s'agit d'un neutron hors du noyau.

6- Il y a aussi émission d'un neutrino, particule quasiment indétectable qui intéresse beaucoup les astrophysiciens.

Les isotopes

Dans certaines familles, le nombre de neutrons peut varier d'un individu à l'autre. Par exemple les membres de la famille Cuivre ont tous 29 protons, mais certains d'entre eux possèdent 34 neutrons et d'autres 36. Sur le plan chimique leurs propriétés sont absolument identiques. Ce qui diffère, c'est leur poids atomique. Certains atomes de Cuivre pèsent 63 grons, d'autres 65. Ce sont deux isotopes de la famille Cuivre. On les appelle Cu^{63} et Cu^{65}. Les isotopes les plus connus dans le public sont le carbone 14 (C^{14}) qui est utilisé pour dater certains objets préhistoriques, le cobalt 60 (Co^{60}) utilisé en médecine et l'uranium 235 (U^{235}) utilisé dans les centrales nucléaires conventionnelles. Nous y reviendrons plus loin.

Le cuivre qu'on trouve dans la nature est constitué de 69% de l'isotope Cu^{63} et 31% de l'isotope Cu^{65}. Le poids atomique du cuivre qui figure dans la grande photo est une moyenne

Certains membres de la famille Cuivre ne font pas le poids: ils manquent de neutrons.

pondérée des poids de Cu^{63} et Cu^{65}. C'est la raison pour laquelle le poids atomique figuré sur le passeport des membres de la famille Cuivre n'est pas un nombre entier. C'est un nombre fractionnaire: 63,54[7]

Dans de nombreuses familles d'atomes on rencontre des isotopes. Mais pour la plupart d'entre elles, il y a un isotope fortement dominant, les autres étant plus rares, voire extrêmement rares.

Plus loin encore à l'intérieur du noyau

Si les anatomistes du Monde étrange des Atomes se contentent de décrire les électrons, les protons et les neutrons dans leur globalité, certains Terriens, animés d'une curiosité insatiable, cherchent à connaître la constitution intime de toutes ces particules. Avec des moyens très puissants, ils dissèquent les noyaux des atomes pour en connaître l'architecture. Un des laboratoires où s'effectuent ces expériences est le CERN - abbréviation de Centre Européen de Recherche Nucléaire - près de Genève.

Mais ceci est une autre histoire qui pourrait voir le jour si, mieux inspirés encore que Gulliver, nous pouvions nous introduire dans Le Monde étrange des Particules !

7- • *Poids moyen pondéré de Cu^{63} :* 62.9298 x 69.09 % = 43.4781
• *Poids moyen pondéré de Cu^{65} :* 64.9278 x 30.91 % = 20.0691
• *Poids atomique moyen du mélange naturel Cu^{63}/Cu^{65}* = 63.5473

La décroissance radioactive, une maladie génétique des atomes

Certaines familles d'atomes sont atteintes d'une maladie génétique qui affecte leur noyau (neutrons et protons) et que les physiciens appellent *«décroissance radioactive»*.

Elle atteint particulièrement les familles Uranium, Thorium, ainsi que quelques autres familles de moindre importance. Certains isotopes rares de familles bien connues, sont aussi affectés par cette maladie. On les signalera plus loin, en raison de l'intérêt que suscite leur cas dans le monde des Terriens. Cette maladie évolue plus ou moins rapidement suivant les familles. Elle a été foudroyante pour les familles Technétium et Prométhéum qui ont été entièrement décimées et ont complètement disparu aujourd'hui de notre environnement. L'évolution est très lente, au contraire, pour les familles Uranium et Thorium.

La maladie affecte particulièrement les familles Uranium et Thorium

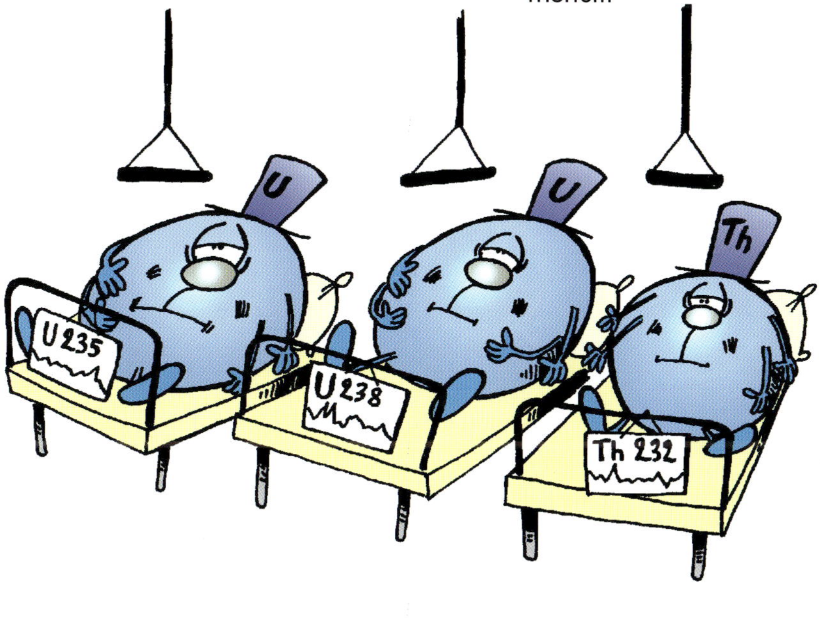

Le triste cas de la famille Uranium

Le cas de la famille Uranium est très typique, aussi allons nous l'étudier en détail : les membres de cette famille possèdent tous 92 protons. La plupart d'entre eux (99,3 %) possèdent 146 neutrons: c'est U^{238}. Les autres (0.7 %) n'en possèdent que 143: c'est U^{235}. Les deux isotopes sont atteints par la décroissance radioactive, mais la vitesse d'évolution de la maladie est différente pour chacun d'entre eux.

Vitesse d'évolution de la maladie

Il n'est pas possible de prévoir l'évolution de la maladie pour un atome particulier. Par contre, on peut suivre, statistiquement, le comportement d'une communauté d'atomes, la décroissance radioactive se produisant d'une manière aléatoire au sein de cette communauté. Au Pays étrange des Atomes, on appelle période de rémission le temps nécessaire à la disparition de la moitié des individus d'une communauté (les physiciens parlent de demi-vie). On peut donc diagnostiquer que la maladie est responsable de la disparition :

- de la moitié de la communauté de U^{238} chaque 4,5 milliards d'années,
- de la moitié de la communauté de U^{235} chaque 710 millions d'années[1]

L'évolution de l'épidémie est déjà en elle-même très curieuse: à chaque instant les membres de la communauté savent que la moitié d'entre eux vont être atteints au cours d'une période qui est de 4,5 milliards d'années pour les frères U^{238} et de 710 millions d'années pour les frères $U2^{235}$.

1- *On remarque que U^{235} disparaît beaucoup plus vite que son parent U^{238}. Aujourd'hui il n'y a que 0.7 % d'U^{235} dans l'Uranium naturel. Mais cette proportion était de 14 % lors de la formation du système solaire, il y a 4.6 milliards d'années.*

Les symptômes

Prenons le cas de U^{238}: tout commence par une subite convulsion interne suivie par des vomissements de divers produits issus du noyau. Dans ces produits, qui sont les constituants de la radioactivité, on peut trouver :

- les particules «alpha»[α], constituées chacune de deux protons et de deux neutrons[2];
- les particules «béta»[β], qui sont des électrons (formés dans le noyau par la transformation d'un neutron en proton);
- les rayons «gamma»[γ], qui sont des rayons X très puissants.

Ces émissions[3] s'accompagnent de la transmutation du pauvre U^{238} en un individu marginal d'une autre famille (un isotope rare et instable de cette famille) puis, de rechute en rechute, après avoir transité, entre deux crises, par diverses autres familles, il finit par se transmuter définitivement en un isotope stable de la famille Plomb: Pb^{206}.

Une particule α est constituée de deux protons et deux neutrons. C'est un noyau d'atome d'Hélium.

Une particule β est un électron...

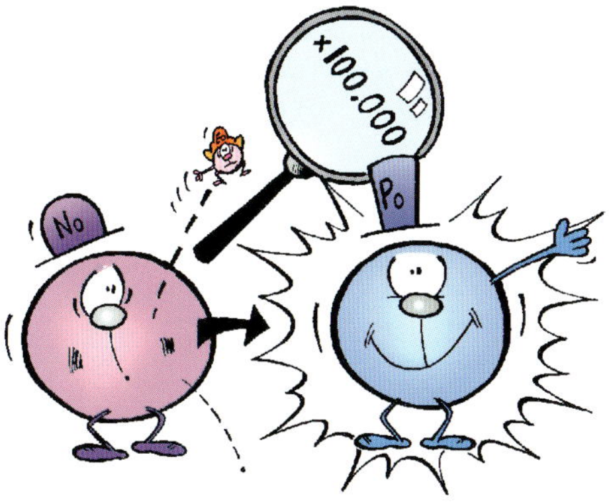

...produit par la transmutation d'un neutron en proton. Il y a aussi émission d'un neutrino, une particule encore très mystérieuse.

2- *Il est intéressant de noter qu'une particule α est, en faits, un noyau d'un atome d'Hélium, He^4.*

3- *L'émission de ces diverses particules et du rayonnement γ constitue la radioactivité. Les cellules vivantes sont très vulnérables à ces rayons qui peuvent leur occasionner diverses dégénérescences, en particulier le cancer.*

Les rayons γ sont des ondes électromagnétiques de très courte longueur d'onde. Ce sont des rayons X extrêmement pénétrants.

Mécanisme de la maladie

L'expulsion d'une particule α (2 protons et 2 neutrons) fait perdre 4 unités de poids à l'atome malade et le fait rétrograder de deux numéros atomiques dans le Grand Fichier[4].

La perte d'une particule β (un électron produit par la transformation d'un neutron en un proton) ne cause aucune perte sensible de poids mais un des neutrons se transforme en un proton: l'atome malade change de matricule et progresse d'une place dans le Grand Fichier.

Une forte fièvre et l'expulsion d'une particule α constituent les premier symptômes de la maladie.

La perte de particules α et β s'accompagne d'une forte fièvre qui provoque le dégagement de chaleur et de rayons γ.

Le premier symptôme qui atteint le pauvre U^{238} est justement la perte d'une particule α. Il s'amaigrit de 4 unités et ne pèse plus que 234 grons. Comme il y a 2 protons dans la particule α, il rétrograde de 2 numéros dans le registre des matricules (ou numéro atomique). Il se transforme ainsi en un membre de la famille Thorium (matricule 90). Mais il ne s'agit pas d'un membre habituel de la famille Thorium, mais d'un isotope rare et instable, l'isotope Th^{234}.

4- *ou tableau périodique*

Très vite, ce pauvre Th^{234} va perdre successivement 2 particules β, ce qui va le transmuter en Protactinium 234 (Pa^{234}) pour quelques heures, puis en U^{234} (isotope extrêmement rare de la famille Uranium). Il transitera encore par une dizaine de familles d'atomes avant que la maladie ait terminé son évolution. Vous trouverez ci-contre le détail de cette évolution sur la feuille de maladie de U^{238}.

Feuille de maladie — Dr. Marie Sklodowska[5]

Nom du patient : Uranium
Symbole: U^{238}
Nb. protons: 92
Nb. neutrons: 146

symptômes lourdeurs,vertiges, nausées
diagnostic: décroissance radioactive congénitale à longue période d'incubation (4.5 milliards d'années)

Etat	*Symbole*	*Poids*	*Rémission*	*Emission*	*Symptômes*
Uranium	U^{238}	238		α	perd un noyau d'He
Thorium	Th^{234}	234	24 jours	β	expulse un électron
Protactinium	Pa^{234}	234	6 h.45'	β	expulse un électron
Uranium	U^{234}	234	250'000 ans	α	perd un noyau d'He
Thorium	Th^{230}	230	80'000 ans	α	perd un noyau d'He
Radium	Ra^{226}	226	1'600 ans	α	perd un noyau d'He
Radon	Rn^{222}	222	4 jours	α	perd un noyau d'He
Polonium	Po^{218}	218	3 minutes	α	perd un noyau d'He
Plomb	Pb^{214}	214	27 minutes	α	perd un noyau d'He
Bismuth	Bi^{214}	214	20 minutes	β	expulse un électron
Polonium	Po^{214}	214	1 seconde	α	perd un noyau d'He
Plomb	Pb^{210}	210	21 ans	β	expulse un électron
Bismuth	Bi^{210}	210	5 jours	β	expulse un électron
Polonium	Po^{210}	210	138 jours	α	perd un noyau d'He
Plomb	Pb^{206}	206	*totalement insensible à la maladie*		

5- *Nom de jeune-fille de Marie Curie.*

La phase finale aboutit à un atome de la famille Plomb: Pb^{206}. Cet isotope est immunisé contre la maladie: il est stable et n'évoluera plus au cours du temps.

En résumé: la maladie provoque chez Monsieur U^{238} la perte successive de 8 particules α et 6 particules β, avec des périodes de rémission intermédiaires, pendant lesquelles il emprunte provisoirement l'identité d'autres éléments, avant d'aboutir à un état stable de Plomb 206 (Pb^{206}).

Les Terriens ont vainement essayé d'enrayer la maladie. Mais toutes les études qui ont été faites arrivent à la conclusion qu'il n'est possible ni de ralentir, ni d'accélérer cette évolution. D'une manière inéluctable, les deux isotopes naturels de la famille Uranium se transforment en divers isotopes de la famille Plomb selon le processus suivant :

- U^{238} évolue vers le Pb^{206} avec une période de rémission de 4,5 milliards d'années,
- U^{235} évolue vers le Pb^{207} avec une période de rémission de 710 millions d'années.

Une autre famille importante est atteinte par ce même genre de maladie: la famille Thorium.

- Th^{232} évolue vers le Pb^{208} avec une période de rémission de 14 milliards d'années.

Après une longue maladie, les membres des familles Uranium et Thorium sont transmutés en des membres de la famille Plomb.

D'autres familles aussi sont sujettes à la maladie

D'autres familles aujourd'hui disparues ont été victimes de cette maladie. Prenons les cas des familles Technétium et Prométhéum que nous avons déjà signalées précédemment. Elles existaient au moment de la formation du système solaire. Mais en ce qui les concerne, la maladie a été foudroyante, la période de rémission étant d'un million et demi d'années pour l'un, deux ans et demi pour l'autre.

- Tc^{98} évolue vers Ru^{98} avec une période de rémission de 1,5 million d'années.
- Pm^{147} évolue vers Sm^{147} avec une période de rémission de 2,5 ans.

Il y a le cas intéressant aussi de la famille Radium. Cette famille aurait dû disparaître depuis longtemps car son cas aussi est foudroyant :

- Ra^{226} évolue vers le Pb^{206} avec une période de rémission de 1'600 ans.

Mais on rencontre tout de même des représentants de cette famille, car elle constitue un stade intermédiaire de la maladie d'U^{238}! L'apparition par transmutation de U^{238} en membres de la famille Radium leur assure une présence éphémère dans le monde des Atomes: ceux qui disparaissent sont remplacés par ceux qui apparaissent! D'autres cas existent encore, mais ce n'est pas utile de les décrire tous ici.

Deux familles prématurément disparues pour cause de décroissance radioactive foudroyante.

Les géologues s'intéressent de près à ce type de maladie

Les géologues terriens ont remarqué depuis longtemps que la température des roches augmentait lorsqu'on s'enfonçait dans les profondeurs de la Terre. Cette augmentation de température est en moyenne de 3 degrés tous les 100 mètres. Elle est plus rapide dans les régions volcaniques, plus lente au sein des roches très anciennes. Cette augmentation de température est provoquée par l'arrivée à la surface du globe d'un flux de chaleur venant de la profondeur. Les études ont montré que la moitié de la chaleur qui arrive en surface est due à la fièvre qui accompagne la décroissance radioactive de Messieurs Uranium et Thorium, personnages omniprésents en faible quantité dans les roches de composition granitique.

Ainsi, un cube de granite de 30 cm d'arête dégage suffisamment de chaleur pour produire 6'000 litres de thé bouillant... ...à condition, il est vrai, d'attendre 1 milliard d'années !

Cela paraît long, mais les géologues ont l'habitude de compter en milliards d'années et en centaines de kilomètres cube ! Sous cette optique, si on envisage la chaleur dégagée par un kilomètre cube de granite, cela fait tout de même l'équivalent de 600 litres d'eau bouillante par jour ! Ce flux de chaleur est responsable des phénomènes volcaniques qui génèrent les roches éruptives: il entraine la lente dérive des continents, provoque la formation des chaînes de montagnes et il est la cause indirecte des processus de métamorphisme.

La fièvre intense provoquée par la maladie dégage de la chaleur: la radioactivité renfermée dans un bloc de granite de 100 kg permet de préparer un litre de thé bouillant... ...à condition d'attendre 200'000 ans !

La vitesse d'évolution de la maladie peut servir d'horloge

Les géologues ont imaginé d'utiliser la vitesse d'évolution de la maladie pour mesurer l'âge des minéraux et des roches. Ils ont fait le raisonnement suivant : U^{238}, U^{235} et Th^{232} enfermés dans un minéral au moment de sa formation, se transforment respectivement en Pb^{206}, Pb^{207} et Pb^{208} selon des lois bien connues. C'est comme si on avait inclu dans le minéral trois sabliers dont les bulbes supérieurs sont remplis d'U^{238} pour l'un, d'U^{235} pour le deuxième et de Th^{232} pour le dernier. Lentement, mais avec des vitesses différentes, ces atomes s'écoulent vers le bas de chacun des sabliers où ils s'accumulent sous forme de Pb^{206} pour le premier, de Pb^{207} pour le deuxième et de Pb^{208} pour le dernier.

On connaît les lois d'écoulement pour chaque sablier, c'est à dire la vitesse de transformation des atomes. Il est donc possible de trouver l'âge de formation du minéral pour peu qu'on sache mesurer les quantités relatives de ces divers isotopes dans le minéral.

La chimie ne peut distinguer entre eux les divers isotopes d'un même élément. Aussi doit-on recourir à un procédé physique: la *spectrométrie de masse*. A l'intérieur du spectromètre de masse, les atomes sont accélérés puis déviés de leur trajectoire par un aimant puissant. L'angle de déviation dépend de la masse de chaque isotope. Un système de comptage permet d'établir les quantités relatives de chacun d'entre eux.

La vitesse immuable de la maladie peut servir d'horloge.

Le spectromètre de masse permet de séparer les uns des autres les isotopes d'une même famille.

Malheureusement l'Uranium et le Thorium ne sont pas des éléments toujours présents dans les minéraux et les roches en quantité suffisante. Aussi les géologues se sont-ils intéressés à certains membres marginaux de familles connues (certains de leurs isotopes peu abondants), comme Messieurs Potassium 40, (K^{40}), Rubidium 87 (Rb^{87}) ou Carbone 14, (C^{14}), qui sont sujets à la même dégénérescence selon les schémas suivants :

- K^{40} évolue vers Ca^{40} ou Ar^{40} (Argon)[6] avec une rémission de 1,3 milliard d'années,
- Rb^{87} évolue vers Sr^{87}(Strontium) avec une rémission de 47 milliards d'années,
- C^{14} évolue vers N^{14}(Azote) avec une rémission de 5'600 années.

Ces éléments existent dans la plupart des roches. Des méthodes de mesure d'âge analogues à celles décrites plus haut ont été mises au point pour ces divers isotopes.

6- K^{40} se transforme principalement en Ca^{40}, mais partiellement aussi en Ar^{40}. C'est cette dernière transformation qui intéresse les géologues.

Le cas du père Carbone 14

Tout le monde a entendu parler du père Carbone 14 (C^{14}). A vrai dire, c'est un requérant d'asile dans la famille Carbone. Au lieu d'être constitué de 6 protons et de 6 neutrons comme tous les membres de la famille C^{12}, il comporte 2 neutrons supplémentaires qui portent son poids à 14 grons au lieu des 12 habituels. Il apparaît dans la haute atmosphère, région où les rayons cosmiques[7] sont abondants. Ceux-ci sont générateurs de neutrons et, de temps à autre, un d'entre eux vient frapper le noyau d'un des frères Azote, expulse un proton et prend sa place. Du coup le pauvre Azote se transmute, sans changer de poids, en un atome de Carbone (l'isotope C^{14}). Mais c'est un pauvre C^{14} malade, atteint par la décroissance radioactive avec une période de rémission (demi-vie) de 5'600 ans. Dans la haute atmosphère où il a été créé, il épouse immédiatement deux sœurs Oxygène pour former la molécule CO_2.

Démographiquement, dans l'atmosphère le nombre des frères C^{14} qui disparaissent, emportés par la maladie, est

Le carbone 14 provient de la transmutation d'un atome d'Azote qui a absorbé par mégarde un neutron errant.

7- *Ce sont des débris de noyaux d'atomes, principalement des protons qui nous arrivent de l'espace intersidéral. 700'000 de ces projectiles traversent le corps humain chaque seconde. L'interaction de ces protons avec les atomes de l'atmosphère produit 2,3 neutrons par seconde et par cm².*

compensé par les nouveaux venus issus de la *transmutation* des frères Azote. La proportion de C^{14} dans l'atmosphère demeure donc constante.

Les végétaux absorbent du CO_2 durant toute leur vie, et la même proportion de C^{14}/C^{12} qui existe dans l'atmosphère se retrouve aussi dans le bois. Mais après l'abattage d'un arbre, l'échange de CO_2 avec l'air ambiant est interrompu. Le système se referme et, à l'intérieur du bois mort, les frères C^{14} disparaissent petit à petit sans être remplacés par d'autres. Ainsi, un morceau de bois provenant de la tombe d'un Pharaon renferme beaucoup moins de C^{14} qu'un bois fraîchement abattu. Comme la demi-vie de l'isotope 14 du carbone est de 5'600 ans, ce type d'horloge est particulièrement bien adapté pour les archéologues et leur permet de mesurer des âges compris entre quelques siècles et 20'000 ans environ.

Il épouse deux soeurs Oxygène et prend le nom de gaz carbonique. Ce trio peut alors être absorbé par les plantes.

Le Carbone 14 rend de grands services aux archéologues.

Une autre maladie génétique: la fission spontanée des atomes

La fission spontanée des atomes

Les familles Uranium et Thorium souffrent aussi d'une autre maladie génétique, heureusement beaucoup plus rare que la décroissance radioactive: la fission spontanée des atomes. Cette maladie se manifeste par la rupture brutale du noyau de l'atome atteint, accompagnée d'une fièvre colossale. Les deux fragments produits sont projetés avec une extrême violence, loin l'un de l'autre, constituant comme stade final deux atomes plus petits.

Heureusement pour ceux qui sont sujets à cette affection, la période de rémission est très longue, largement supérieure à des millions de milliards d'années. Cela signifie pour eux, que la probabilité de disparaître par décroissance radioactive, la maladie la plus courante, est au moins un million de fois plus grande que celle d'être atteints par la fission spontanée.

L'Uranium 238 peut aussi être victime de la fission spontanée, une maladie heureusement beaucoup plus rare que la décroissance radioactive.

La fission induite des atomes (ou FIDA)

On ne parlerait même pas de cette fission, si les Terriens ne s'étaient aperçus que cette maladie provoquait une grosse fièvre, dégageait une quantité colossale d'énergie et, surtout, qu'ils pouvaient à leur gré accélérer son évolution d'une manière vertigineuse. C'est ainsi que les Terriens ont réussi à inoculer cette terrible maladie à quelques familles d'atomes, principalement aux divers membres de la famille Uranium.

Le virus est un neutron.

Le virus est un neutron. L'isotope U^{235} peut absorber un tel neutron si celui-ci ne se déplace pas trop vite (on parle de neutron lent ou de neutron thermique).

Mécanisme de la maladie

Après qu'on lui ait inoculé un neutron, le pauvre U^{235} s'alourdit d'un gron, se transformant en U^{236}, un gros lourdaud de la famille Uranium qui n'arrive plus à maintenir toutes ensembles les particules de son noyau. Comme une goutte d'eau qui devient trop grosse et se divise en deux gouttelettes plus petites, le pauvre U^{236} éclate et se fragmente en deux atomes plus petits, expulsant en même temps deux ou trois neutrons rapides.

Alourdie d'un neutron, la victime devient très instable...

...puis se partage en deux atomes plus petits, libérant du même coup quelques neutrons. Cet accès brutal dégage beaucoup d'énergie.

Un amaigrissement incompréhensible

Si l'on pèse les deux atomes nouveaux plus les deux ou trois neutrons produits, on a la surprise de constater qu'on n'arrive pas tout à fait aux 236 grons que pesait notre patient U^{236}, juste avant sa crise. Il y a donc eu disparition d'un petit peu de matière au cours de cette fission. Et nous savons, grâce à Einstein, que cette matière s'est transformée en énergie selon la relation fameuse:

$$E = m \times c^2$$

Ce qui signifie en clair :
l'Energie [E] est égale à la masse disparue [m] multipliée par le carré de la vitesse de la lumière [c^2]. Cette maladie produit environ 200 millions de fois plus d'énergie par atome éclaté que celle que peut produire une molécule dans la réaction chimique la plus violente ! Voilà donc un procédé bien séduisant pour se procurer de grandes quantités d'énergie !

La maladie s'accompagne d'une légère perte de masse.

Mais que deviennent les neutrons ?

En inoculant un neutron dans le noyau du pauvre U^{235}, on a provoqué sa fission, libéré de l'énergie et il reste en surplus 2 ou 3 neutrons errants[1]. Que vont-ils devenir? Ils sont expulsés dans la matière à grande vitesse. Comme ils sont neutres, ils ne sont pas influencés pas les orbites électroniques des atomes qu'ils pourraient rencontrer et, pour provoquer une nouvelle fission, ils doivent frapper de plein fouet un noyau d'U^{235}. Mais la cible est très petite et la probabilité de rencontrer un noyau d'Uranium pour le briser en deux demeure extrêmement faible. Par ailleurs, les neutrons sont eux-mêmes atteints de décroissance radioactive foudroyante qui les transforme très rapidement en un proton plus un électron[2].

1- appelés neutrons prompts par les physiciens

2- il faut encore mentionner l'émission d'un neutrino, cette particule quasi indétectable qui emporte une partie de l'énergie dégagée.

On peut tout de même influencer la chance !

Les Terriens sont astucieux et savent modifier cette probabilité de fission de U^{235} par un neutron en combinant deux actions :

1. *En augmentant la concentration des atomes d'U^{235}.*
Dans l'uranium naturel extrait des mines, il n'y a que 0.7% d'U^{235} contre 99.3 % d'U^{238}. On procède alors à l'enrichissement en U^{235} dans de coûteuses usines, ce qui augmente le nombre de cibles par unité de volume. Pour les usages courants, on l'enrichit généralement aux alentours de 3%. On peut augmenter cet enrichissement autant qu'on le désire. Mais on ne le fait effectivement qu'à la demande des militaires, qui en ont besoin pour des usages bien particuliers !

Schéma simplifié d'une centrale nucléaire

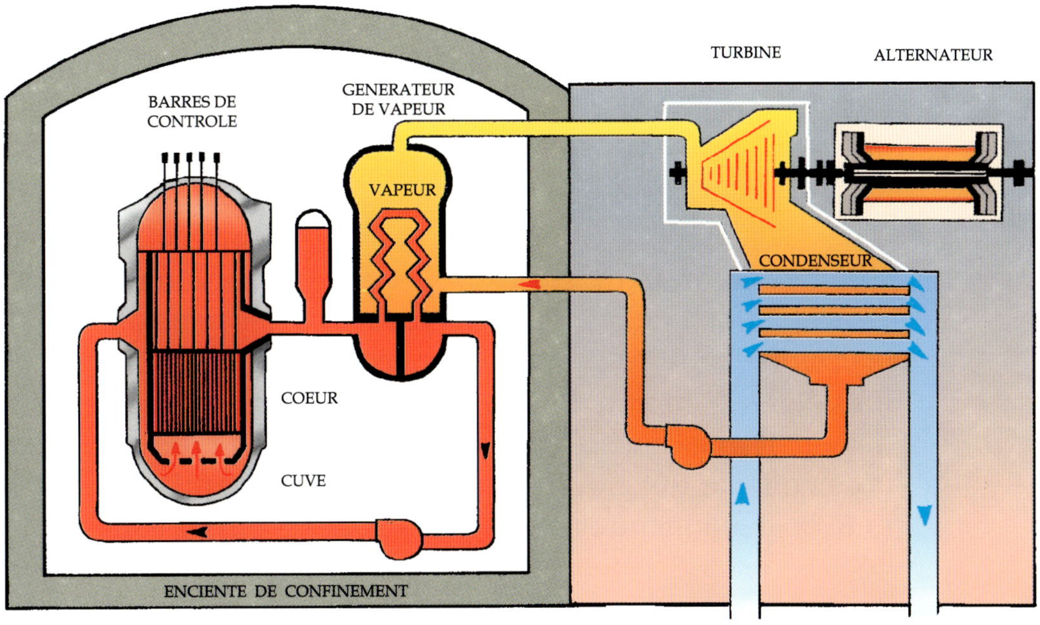

2. *En ralentissant les neutrons.*
Les neutrons produits dans une réaction de fission sont trop rapides pour espérer pouvoir accrocher au passage un autre U^{235}. Aussi va-t-on, à l'aide d'un modérateur, les ralentir pour les rendre plus «virulents». On place sur leur passage des atomes légers, Messieurs Hydrogène, Béryllium ou Carbone, par exemple. Les chocs successifs avec ces atomes légers vont augmenter la vitesse de ces derniers et ralentir les neutrons.

En combinant ces deux conditions, on augmente l'efficacité des neutrons errants. Il devient alors possible de réaliser et d'entretenir une réaction en chaîne et, si on sait la contrôler, on peut du même coup construire une *centrale nucléaire!*

Comment fonctionne une centrale nucléaire

Les centrales nucléaires peuvent différer les unes des autres par les caractéristiques du combustible, par la nature du milieu ralentisseur de neutrons, et par le système d'échangeur de chaleur entre le réacteur et la turbine. Mais le principe du fonctionnement est toujours à peu près le même.

Le combustible est constitué de barres d'uranium enrichi à environ 3 % d'U^{235}. Ces barres sont plongées dans de l'eau qui ralentit (grâce à M. Hydrogène) les neutrons émis par la fission d'atomes d'U^{236}, leur permettant à leur tour de provoquer la fission d'autres atomes. Ces réactions de fission dégagent une chaleur énorme qui permet de produire la vapeur nécessaire au fonctionnement d'une turbine, qui entraîne à son tour un générateur électrique. Dans ce schéma, l'eau joue le rôle double de modérateur de neutrons et de liquide caloporteur qui permet le transfert de l'énergie vers la turbine.Pour arrêter la réaction, on laisse tomber dans le réacteur des barres de bore ou de cadmium qui ont la propriété d'absorber les neutrons et, par conséquent, d'interrompre la réaction.

Mais où sont donc les déchets nucléaires ?

Si nous reprenons le cours de la maladie du pauvre U^{235}, nous avons vu qu'après avoir absorbé un neutron et s'être transformé en U^{236}, il se scindait en deux autres atomes plus légers. Quels sont donc ces atomes ? Les expériences montrent que chaque atome d'U^{236} peut se scinder de manière différente en donnant des paires de fragments de fission dont les poids atomiques sont compris généralement entre 72 et 166. Ces résidus sont composés d'une bonne trentaine d'éléments bien connus des services de l'Etat-civil du monde des atomes, mais qui ont tous la désagréable propriété de comporter une trop forte proportion de neutrons par rapport au nombre habituel que comporte leur famille. Ce sont donc des isotopes lourds de familles d'atomes bien connus. Ils n'existent généralement pas dans la nature et sont des isotopes issus de la fission induite des atomes (FIDA). Ils sont tous instables et atteints de *décroissance radioactive*[3]. Ce sont eux qui constituent les déchets nucléaires indésirables! Les neutrons excédentaires vont, plus ou moins rapidement, se transformer en protons en expulsant des particules β (des électrons) et en dégageant un fort rayonnement γ et de la chaleur.

Les déchets nucléaires sont non seulement radioactifs, mais dégagent aussi passablement de chaleur.

Certains produits de fission atteindront leur état stable en quelques minutes, quelques heures ou quelques jours. Ils sont hautement radioactifs mais l'évolution de leur maladie est très rapide. D'autres mettront des années ou des millénaires pour voir enfin leur activité diminuer de manière sensible. Ils sont peu radioactifs, mais ils le demeureront encore longtemps ! Par ailleurs cette décroissance radioactive dont, je vous le rappelle, on ne peut pas modifier la vitesse d'évolution, dégage

3- *Certains produits de fission sont aussi producteurs de neutrons différés (ou retardés), tel* $Kr^{87} \rightarrow Kr^{86} + n^0$. *Ces neutrons, bien que peu nombreux, jouent un rôle très important dans le contrôle de la réaction en chaîne.*

beaucoup de chaleur qu'il faut évacuer de la centrale pendant longtemps encore après l'arrêt de la réaction de fission. C'est la raison pour laquelle on stocke le combustible usagé plusieurs mois, voire même plusieurs années dans une piscine avant de le retraiter.

Et si la réaction s'emballait ?

Les neutrons se déplacent à grande vitesse et, par le fait qu'ils n'ont aucune charge électrique, ils passent à travers les nuages électroniques des atomes sans les perturber. Il faut vraiment qu'ils heurtent le noyau d'un atome d'Uranium pour s'y incorporer. Or les noyaux étant des millions de fois plus petits que les atomes eux-mêmes, les neutrons peuvent traverser une certaine masse d'Uranium sans rencontrer un noyau et fuir hors de la matière. Pour augmenter la probabilité de collision, nous avons vu qu'il fallait augmenter la concentration de l'uranium naturel en U^{235} ou ralentir les neutrons, ou encore combiner les deux actions.

Ainsi donc, si on réussit à rassembler une masse suffisamment importante d'U^{235} débarrassé de son cousin U^{238} (enrichissement à 100 %), on peut provoquer une réaction en chaîne. Cela signifie que, dès qu'il y a fission spontanée d'un seul atome, les neutrons produits vont à leur tour provoquer la fission d'autres atomes voisins, qui libèrent à leur tour de nouveaux neutrons qui vont provoquer d'autres fissions. Le nombre des événements de fission se multiplie alors avec une vitesse prodigieuse, dégageant une énergie colossale dans un laps de temps très court : c'est une *explosion nucléaire!*

Heureusement pour nous, ces conditions ne sont jamais remplies dans les centrales nucléaires et toute explosion nucléaire y est impossible !

La masse nécessaire pour qu'il y ait réaction en chaîne s'appelle la masse critique. Cette masse est de l'ordre d'une vingtaine de kg pour l'U^{235}. Nous avons donc en main tous les éléments pour construire une bombe atomique :

Recette pour construire une bombe atomique

1- Procurez vous de l'U^{235} en quantité légèrement supérieure à sa masse critique, tout en prenant soin de maintenir cet uranium en deux paquets séparés.

2- Disposez les deux moitiés d'U^{235} aux deux extrêmités intérieures d'un solide tube court.

3- Prévoyez un système télécommandé qui rapproche brutalement les deux moitiés d'U^{235} l'une vers l'autre, au moyen d'un explosif puissant, par exemple.

4- Eloignez-vous à une distance raisonnable.

5- Actionnez !

Fort heureusement ce n'est pas si facile

Cette recette est toute théorique et je vous déconseille de l'essayer car, en pratique, les choses sont (heureusement) beaucoup plus complexes. Tout d'abord le point [1] de la recette est difficile à réaliser car la production de matière fissile en quantité suffisante implique une technologie sophistiquée, des usines immenses, et une énorme quantité d'énergie. Personne ne peut donc produire discrètement de l'U^{235} fortement enrichi. Le point [3] est également très difficile à réaliser car, si on ne rapproche pas suffisamment rapidement les deux demi-portions d'U^{235}, la réaction en chaîne ne peut pas se produire. En effet, la fission commence déjà au cours du rapprochement des deux moitiés d'U^{235}, et la chaleur dégagée est si grande qu'elle fond puis volatilise le combustible avant même que la masse critique ait pu être réunie.

En guise de conclusion

Au cours de leurs expériences sur la fission induite des atomes, les Terriens ont réussi à créer des familles qui n'existaient pas auparavant. La plus connue est celle du Plutonium (Pu^{242}) qui porte le numéro 94 et qui peut également être utilisée à la fabrication des bombes atomiques. On trouve encore une dizaine d'autres familles dont vous pouvez trouver les noms sur la grande photo de famille (le tableau périodique), au-delà de l'emplacement de l'Uranium. Mais tous sont atteints par cette maladie qu'est la décroissance radioactive, avec des périodes de rémission plutôt courtes, ce qui ne leur laisse pas une grande espérance de vie.

Toutes les manipulations dont nous avons parlé plus haut ont provoqué l'apparition, pas toujours désirable, d'un grand nombre d'isotopes instables de familles d'atomes bien connues. Nous les avons déjà signalés à propos des déchets nucléaires.

Bien que ces isotopes soient devenus encombrants et qu'il faille aujourd'hui trouver des solutions pour leur stockage, il faut tout de même signaler que certains d'entre eux rendent de grands services à l'homme dans diverses applications. Ainsi les rayons γ émis par ces isotopes sont en réalité des rayons X extrêmement pénétrants. Ils permettent de radiographier des pièces métalliques et vérifier qu'elles ne renferment pas de défauts. Ce sont eux aussi qui sont utilisés pour l'irradiation de tumeurs cancéreuses. Dans un autre domaine médical encore, on peut vérifier l'assimilation de l'iode par un malade en lui injectant une petite quantité d'iode radioactif et en suivant, avec un détecteur, le cheminement de cet élément à l'intérieur de son organisme.

Ainsi, l'exploration du Monde étrange des atomes par les humains a permis le développement de la chimie, science sans laquelle aujourd'hui nous ne pourrions plus vivre tant ses applications sont devenues omniprésentes dans tout notre environnement. De même, la physique nucléaire, et l'astro-physique nous font comprendre toujours mieux les lois profondes qui régissent le monde des atomes et dont, finalement, dépend tout notre Univers.

Quartz (SiO_2)

Soufre natif (S)

Collection et photos: Muséum de Genève

Petit glossaire

Agitation sociale	Etat d'agitation des atomes qui dépend de la température.
Alpha [α]	Nom d'une particule positive pesant 4 grons, éjectée par certains atomes radioactifs et constituée de 2 protons et 2 neutrons: c'est en réalité le noyau d'un atome d'hélium.
Amaigrissement	Perte de poids résultant de la disparition de matière lors des réactions de fission. L'énergie produite est colossale.
Androgyne	Nom attribué à certains atomes qui, selon les circonstances, peuvent être soit des dames, soit des messieurs (anions ou cations).
Angstrœm	Unité de longueur égale à un dix-millionième de millimètre.
Avogadro	(Amedeo), célèbre chimiste italien (1776-1856) qui eut l'idée de comparer entre eux des nombres identiques d'atomes ou de molécules.
Avogadro (nombre d')	C'est le nombre d'atomes renfermés dans un gramme d'hydrogène. Ce nombre est égal à 602'588 milliards de milliards (soit 6.02×10^{23}).
Anion	C'est un ion négatif, c'est-à-dire un atome qui a acquis un ou plusieurs électrons. Dans le Monde étrange, c'est une Dame.
Bêta [β]	Nom d'une particule négative éjectée par un atome radioactif; c'est un électron issu du cœur d'un neutron qui se transforme en proton. Son poids est environ 0.0005 grons.
Bras	Appendice permettant a un atome de se lier avec d'autres. Le nombre de bras est une caractéristique de chaque famille et de la classe sociale à laquelle elle appartient. Dans le langage des chimistes, les bras sont analogues à la valence ionique de l'atome.
Bigamie	Etat matrimonial qui unit un monsieur à deux dames.
Cation	C'est un ion positif, c'est à dire un atome qui a perdu un ou plusieurs électrons. Dans le Monde étrange, c'est un Monsieur.
Chimie	C'est l'étude par les Terriens des us et coutumes des habitants du Pays des Atomes.
Célibataire	Etat civil des atomes qui ne possèdent pas de bras : ce sont les gaz rares.
Chimie appliquée	Mise sous tutelle du Monde des atomes par les Terriens qui rendent les mariages et les divorces obligatoires selon leur bon plaisir et pour leur confort.
Clan	Rassemblement immense d'atomes ou de molécules identiques.
Classe sociale	Catégorie d'individus qui ont tous le même nombre de bras et montrent des comportements semblables. Dans la grande photo de famille (tableau périodique) chaque classe sociale occupe une des colonnes verticales.
Communauté	Etat matrimonial qui réunit plusieurs messieurs et plusieurs dames.
Cristallin	Qualifie un état solide dans lequel tous les atomes sont disposés selon des lois géométriques précises.
Cruciverbiste	Amateur de mots-croisés.

Dame	Atome de sexe féminin, connu aussi sous le nom d'anion.
Déchets radioactifs	Eléments instables issus de la fission de l'uranium. Ce sont tous des isotopes atteints par la décroissance radioactive et qui vont émettre des particules ionisantes dangereuses tout au long de leur maladie.
Décroissance	Diminution régulière d'une communauté d'atomes radioactifs qui s'effectue avec une vitesse propre à chaque famille concernée.
Demi-vie	Laps de temps nécessaire à la disparition de la moitié d'une communauté d'atomes atteints de décroissance radioactive. Dans le Monde étrange, on l'appelle rémission ou période de rémission.
Divorce	Rupture d'une molécule dont les divers partenaires s'allient généralement à d'autres atomes issus d'autres molécules, elles aussi en instance de divorce.
Einstein (Albert)	(1879-1955), physicien d'origine allemande, naturalisé suisse, puis américain, prix Nobel en 1921. Décrit les lois de la relativité qui relie la matière à l'énergie selon la formule $E = m \times c^2$.
Endothermique	Qui absorbe de la chaleur.
Electron	Particule élémentaire environ 2000 fois plus légère qu'un proton ou un neutron et porteuse d'une charge négative. C'est un «grain» d'électricité.
Etat	Aspect extérieur d'un clan d'atomes ou de molécules. Peut être solide, liquide ou gazeux.
Exothermique	Qui dégage de la chaleur.
FIDA	Abréviation de «Fission induite des atomes», maladie génétique contagieuse apparue récemment dans le Monde étrange des Atomes, et provoquée par les Terriens.
Fission	Evénement au cours duquel un atome lourd se scinde en deux atomes plus petits.
Fission induite	Fission provoquée par les Terriens en inoculant des neutrons dans le noyau de certains atomes.
Fission spontanée	Maladie génétique extrêmement rare qui peut affecter naturellement certains atomes lourds (Uranium et Thorium).
Gamma (γ)	Nom d'un rayonnement X très énergétique émis par un atome atteint de décroissance radioactive.
Gaz rare	Atome ayant 8 électrons sur sa couche périphérique et qui, de ce fait, n'acquiert ni ne perd d'électron. Dans le Monde étrange des Atomes il ne possède pas de bras. C'est un célibataire endurci.
Gron	Unité de poids imaginaire en usage dans le Monde étrange des atomes. C'est le poids d'un atome d'hydrogène.
Ion	C'est un atome excité qui agite les bras. Il a perdu ou acquis un ou plusieurs électrons. Il est porteur d'un nombre égal de charges électriques. Connu aussi des cruciverbistes sous l'appellation de «porteur de charges».
Isotope	Membre d'une famille d'atomes «ne faisant pas le poids» et qui se distingue de ses congénères par un nombre différent de neutrons.
Masse critique	Masse minimum d'une matière fissile, juste nécessaire pour entraîner spontanément une réaction en chaîne (explosion nucléaire).
Matricule	Numéro attribué à chaque famille d'atomes; voir: «Numéro atomique».
Mariage	Forme d'union entres atomes.
Mendeleiev	(Dmitri Ivanovitch, 1834-1907), chimiste russe, auteur de la classification périodique des éléments.

Métal	Nom donné par les chimistes aux messieurs du Monde étrange.
Métalloïde	Nom donné par les chimistes aux dames et aux androgynes.
Minéral	Clan d'atomes ou de molécules à l'état cristallin (voir sous «cristallin»).
Monsieur	Atome de sexe masculin, connu aussi sous le nom de cation.
Neutrino	Particule quasiment indétectable produit lors de la disparition d'un neutron.
Neutron	Particule élémentaire neutre pesant un gron. Isolé, le neutron est instable et se transforme rapidement en un proton après avoir expulsé un électron et un neutrino.
Noyau	Cœur de l'atome, constitué de protons et de neutrons.
Nucléaire	Qui concerne le noyau d'un atome.
Numéro atomique	Numéro de matricule attribué à chaque famille d'atomes et correspondant à la place qu'elle occupe dans la grande photo de famille (tableau périodique). Il correspond au nombre de protons contenus dans le noyau.
Particule	Nom général donné aux différents composants des atomes.
Photo de famille	C'est la grande photo sur laquelle toutes les familles d'atomes sont disposées d'une manière qui fait apparaître à périodes régulières les familles appartenant à la même classe sociale.
Physique nucléaire	Science qui s'occupe de l'anatomie des atomes, plus particulièrement de la composition et du comportement de leurs noyau.
Poids atomique	Poids, exprimé en grammes, de 602'488 milliards de milliards d'atomes. Dans notre monde étrange on exprime ce poids en grons.
Poids moléculaire	Poids, exprimé en grammes, de 602.488 milliards de milliards de molécules identiques. Dans notre Monde étrange, on l'exprime en grons.
Polyandrie	Etat matrimonial qui unit une dame à plusieurs messieurs.
Polygamie	Etat matrimonial qui unit un monsieur à plusieurs dames.
Proton	Particule portant une charge positive et pesant un gron.
Radioactivité	Etat instable excité, caractérisant les noyaux de certaines familles d'atomes qui, par expulsion successives de particules ionisantes (α, β, γ), se transmutent en d'autres atomes stables.
Réaction chimique	Double divorce avec échange de partenaires entre molécules différentes.
Rayon atomique	C'est le rayon d'un atome exprimé en Angstrœm [Å]. En réalité ce rayon peut varier suivant l'état d'excitation de l'atome. Dans le Monde étrange on a indiqué le rayon le plus fréquent.
Rémission	C'est le laps de temps qui reste à vivre à la moitié d'une communauté d'atomes atteints par la décroissance radioactive.Les physiciens parlent de demi-vie.
Symbole	Sigle de une ou deux lettres désignant une famille d'atomes.
Tableau périodique	Façon de disposer tous les éléments chimiques sur un tableau de manière à faire apparaître périodiquement les éléments qui ont un comportement semblable (cf. photo de famille).
Transmutation	Transformation d'un atome en un autre atome par modification du nombre de protons dans son noyau.

fichier des familles d'atomes et de leurs principaux isotopes

N°	Patronyme	Symbole	Principaux isotopes présents dans la nature	Poids atomique du mélange isotopique naturel	Nombre de bras	Taille
1	Hydrogène	H	H^{1}	1	1	presque nulle
2	Hélium	He	He^{4}	4	0	0.93
3	Lithium	Li	$\mathbf{Li^{7}}$, Li^{6}	6.94	1	0.60 (?)
4	Béryllium	Be	Be^{9}	9.01	2	0.31
5	Bore	B	$\mathbf{B^{11}}$, B^{10}	10.81	3	
6	Carbone	C	$\mathbf{C^{12}}$, C^{13}	12.01	4, (4-)	0.15, (2.60)
7	Azote	N	N^{14}	14	5, (3-)	0.11, (1.71)
8	Oxygène	O	O^{16}, O^{18}	15.99	2-	1.40
9	Fluor	F	F^{19}	18.99	1-	1.36
10	Néon	Ne	$\mathbf{Ne^{20}}$, Ne^{22}, Ne^{21}	20.18	0	0.71
11	Sodium	Na	Na^{23}	22.99	1	0.95
12	Magnésium	Mg	$\mathbf{Mg^{24}}$, Mg^{26}, Mg^{25}	24.31	2	0.65
13	Aluminium	Al	Al^{27}	26.98	3	0.50
14	Silicium	Si	$\mathbf{Si^{28}}$, Si^{129}, Si^{30}	28.08	4	0.41
15	Phosphore	P	P^{31}	30.97	5, (3-)	0.34, (2.12)
16	Soufre	S	S^{32}, S^{34}	32.06	6, (2-)	0.29, (1.84)
17	Chlore	Cl	$\mathbf{Cl^{35}}$, Cl^{37}	35.45	1-	1.81
18	Argon	Ar	$\mathbf{Ar^{40}}$, Ar^{36}	39.95	0	0.98
19	Potassium	K	$\mathbf{K^{39}}$, K^{41}	39.10	1	1.33
20	Calcium	Ca	$\mathbf{Ca^{40}}$, Ca^{44}, Ca^{42}	40.08	2	0.99
21	Scandium	Sc	Sc^{45}	44.96	3	0.81
22	Titane	Ti	$\mathbf{Ti^{48}}$, Ti^{46}, Ti^{47}, Ti^{49}	47.90	4, 2	0.68, 0.90
23	Vanadium	V	$\mathbf{V^{51}}$, V^{50}	50.94	5, 3	0.59, 0.74
24	Chrome	Cr	$\mathbf{Cr^{52}}$, Cr^{53}, Cr^{50}, Cr^{54}	51.99	6, 3	0.52, 0.69
25	Manganèse	Mn	Mn^{55}	54.94	7, 2	0.46, 0.80
26	Fer	Fe	$\mathbf{Fe^{56}}$, Fe^{54}, Fe^{57}	55.85	2, 3	0.76. 0.64
27	Cobalt	Co	Co^{59}	58.93	2, 3	0.74, 0.63
28	Nickel	Ni	$\mathbf{Ni^{58}}$, Ni^{60}, Ni^{62}, Ni^{61}	58.71	2, 3	0.72, 0.62
29	Cuivre	Cu	Cu^{63}, Cu^{65}	63.54	1, 2	0.96, 0.69
30	Zinc	Zn	Zn^{64}, Zn^{66}, Zn^{68}, Zn^{67}	65.37	2	0.74
31	Gallium	Ga	Ga^{69}, Ga^{71}	69.72	3, 1	0.62, 1.13
32	Germanium	Ge	Ge^{74}, Ge^{72}, Ge^{70}....	72.59	2, 4	0.93, 0.53
33	Arsenic	As	As^{75}	74.92	5, (3-)	0.47, (2.22)
34	Sélénium	Se	Se^{80}, Se^{78}, Se^{82}.....	78.96	6, (2-)	0.42, (1.98)
35	Brome	Br	Br^{79}, Br^{81}	79.91	1-	1.95
36	Krypton	Kr	Kr^{84}, Kr^{86}, Kr^{82}....	83.80	0	1.12
37	Rubidium	Rb	Rb^{85}, Rb^{87}	85.47	1	1.48
38	Strontium	Sr	$\mathbf{Sr^{88}}$, Sr^{86}, Sr^{87}	87.62	2	1.13
39	Yttrium	Y	Y^{89}	88.90	3	0.93
40	Zirconium	Zr	Zr^{90}, Zr^{94}, Zr^{92}....	91.22	4	0.80
41	Niobium	Nb	Nb^{93}	92.90	5	0.70
42	Molybdène	Mo	Mo^{98}, Mo^{96}, Mo^{92}...	95.94	4, 6	0.68, 0.62
43	*Technétium*	*(Tc)*		*(98)*		
44	Ruthenium	Ru	Ru^{102}, Ru^{104}, Ru^{101}	102.90	3, 4	0.69, 0.67
45	Rhodium	Rh	Rh^{103}	102.91	2	0.86

N°	Patronyme	Symbole	Principaux isotopes présents dans la nature	Poids atomique du mélange isotopique naturel	Nombre de bras	Taille
46	Palladium	Pd	Pd^{106}, Pd^{108}, Pd^{105}..	106.4	2	0.86
47	Argent	Ag	Ag^{107}, Ag^{109}	107.87	1	1.26
48	Cadmium	Cd	Cd^{114}, Cd^{112}, Cd^{111}...	112.40	2	0.97
49	Indium	In	**In^{115}**, In^{113}	114.82	1, 3	1.32, 0.81
50	Etain	Sn	Sn^{118}, Sn^{116}, Sn^{119}...	118.69	2, 4	1.12, 0.71
51	Antimoine	Sb	Sb^{121}, Sb^{123}	121.75	5, (3-)	0.62, (2.45)
52	Tellure	Te	Te^{130}, Te^{126}, Te^{128}...	127.60	6, (2-)	0.56, (2.21)
53	Iode	I	I^{127}	126.90	7, (1-)	0.50, (2.16)
54	Xénon	Xe	Xe^{132}, Xe^{129}, Xe^{131}..	131.30	0	1.31
55	Césium	Cs	Cs^{133}	132.90	1	1.69
56	Barium	Ba	Ba^{138}, Ba^{137}, Ba^{136}..	137.34	2	1.35
57	Lanthane	La	La^{139}	138.91	3	1.15
58	Cérium	Ce	**Ce^{140}**, Ce^{142}	140.12	3, 4	1.11, 1.01
59	Praeséodyme	Pr	Pr^{141}	140.91	3, 4	1.09, 0.92
60	Néodyme	Nd	Nd^{142}, Nd^{144}, Nd^{146}...	144.24	3	1.08
61	*Prométhéum*	*Pm*		*(147)*	*(3)*	*(1.06)*
62	Samarium	Sm	Sm^{152}, Sm^{154}, Sm^{147}...	150.35	3	1.04
63	Europium	Eu	Eu^{153}, Eu^{151}	151.96	2	1.12
64	Gadolinium	Gd	Gd^{158}, Gd^{160}, Gd^{156}...	157.25	3	1.02
65	Terbium	Tb	Tb^{159}	158.92	3	1.00
66	Dysprosium	Dy	Dy^{164}, Dy^{163}, Dy^{162}...	162.50	3	0.99
67	Holmium	Ho	Ho^{165}	164.93	3	0.97
68	Erbium	Er	Er^{166}, Er^{168}, Er^{167}...	167.26	3	0.96
69	Thulium	Tm	Tm^{169}	168.93	3	0.95
70	Ytterbium	Yb	Yb^{174}, Yb^{172}, Yb^{171}...	173.04	2, 3	0.94, 1.13
71	Lutécium	Lu	**Lu^{175}**, Lu^{176}	174.97	3	0.93
72	Hafnium	Hf	Hf^{180}, Hf^{178}, Hf^{177}...	178.49	4	0.81
73	Tantale	Ta	Ta^{181}	180.95	5	0.73
74	Tungstène	W	W^{184}, W^{186}, W^{182}...	183.85	4, 6	0.64, 0.68
75	Rhenium	Re	Re^{187} , Re^{185}	186.2		
76	Osmium	Os	Os^{192}, Os^{190}, Os^{189}...	190.2	4	0.69
77	Iridium	Ir	Ir^{193}, Ir^{191}	192.2	4	0.66
78	Platine	Pt	Pt^{192}, Pt^{194}	195.09	2	0.96
79	Or	Au	Au^{197}	196.97	1	1.37
80	Mercure	Hg	Hg^{202}, Hg^{200}, Hg^{199}..	200.59	2	1.10
81	Thallium	Tl	Tl^{205}, Tl^{203}	204.37	1, 3	1.40, 0.95
82	Plomb	Pb	Pb^{208}, Pb^{206}, Pb^{207}..	207.19	2, 4	1.20, 1.84
83	Bismuth	Bi	Bi^{209}	208.98	3, 5	1.20, 0.74
84	Polonium	Po	Po^{209}	(209)		
85	Astatine	At	At^{210}	(210)		
86	Radon	Rn	Rn^{222}	(222)	0	
87	Francium	Fr	Fr^{223}	(223)	1	1.76
88	Radium	Ra	Ra^{226}	(226)	2	1.40
89	Actinium	Ac	Ac^{227}	(227)	3	1.18
90	Thorium	Th	Th^{232}	232.04	3, 4	1.14, 0.95
91	Protactinium	Pa	Pa^{231}	231	3, 4	1.12, 0.98
92	Uranium	U	**U^{238}**, U^{235}	238.03	2, 4	1.11, 0.95

Les isotopes imprimés en caractères gras correspondent à une abondance supérieure à 80%.

La grande photo de famille

(ou tableau périodique des éléments)

IA	IIA	IIIB	IVB	VB	VIB	VIIB	VIII	VIII	VIII	IB	IIB	IIIA	IVA	VA	VIA	VIIA	VIIIA
1 1.008 H Hélium																	2 4.002 He Hydrogène
3 6.94 Li Lithium	4 9.01 Be Béryllium											5 10.81 B Bore	6 12.01 C Carbone	7 14.006 N Azote	8 15.999 O Oxygène	9 18.99 F Fluor	10 20.18 Ne Néon
11 22.99 Na Sodium	12 24.31 Mg Magnésium											13 26.98 Al Aluminium	14 28.09 Si Silicium	15 30.97 P Phosphore	16 32.06 S Soufre	17 35.45 Cl Chlore	18 39.95 Ar Argon
19 39.10 K Potassium	20 40.08 Ca Calcium	21 44.95 Sc Scandium	22 47.90 Ti Titane	23 50.94 V Vanadium	24 51.99 Cr Chrome	25 54.94 Mn Manganèse	26 55.85 Fe Fer	27 58.93 Co Cobalt	28 58.71 Ni Nickel	29 63.54 Cu Cuivre	30 65.37 Zn Zinc	31 69.72 Ga Gallium	32 72.59 Ge Germanium	33 74.92 As Arsenic	34 78.96 Se Sélénium	35 79.90 Br Brome	36 83.80 Kr Krypton
37 85.47 Rb Rubidium	38 87.62 Sr Strontium	39 88.90 Y Yttrium	40 91.22 Zr Zirconium	41 92.90 Nb Niobium	42 95.94 Mo Molybdène	43 (98) (Tc) Technétium	44 101.07 Ru Ruthénium	45 102.90 Rh Rhodium	46 106.4 Pd Palladium	47 107.87 Ag Argent	48 112.40 Cd Cadmium	49 114.82 In Indium	50 118.69 Sn Etain	51 121.75 Sb Antimoine	52 127.60 Te Tellure	53 126.90 I Iode	54 131.30 Xe Xénon
55 132.90 Cs Césium	56 137.34 Ba Baryum	57 138.91 La Lanthanum	72 178.49 Hf Hafnium	73 80.95 Ta Tantale	74 183.85 W Tungstène	75 186.2 Re Rhénium	76 190.2 Os Osmium	77 192.2 Ir Iridium	78 195.09 Pt Platine	79 196.97 Au Or	80 200.59 Hg Mercure	81 204.37 Tl Thallium	82 207.19 Pb Plomb	83 208.98 Bi Bismuth	84 (210) Po Polonium	85 (210) At Astatine	86 (222) Rn Radon
87 (223) Fr Francium	88 (226) Ra Radium	89 (227) Ac Actinium															

58 140.12 Ce Cérium	59 140.91 Pr Praséodyme	60 144.24 Nd Néodyme	61 (147) (Pm) Prométhéum	62 150.35 Sm Samarium	63 151.96 Eu Europium	64 157.25 Gd Gadolinium	65 158.92 Tb Terbium	66 162.50 Dy Dysprosium	67 164.93 Ho Holmium	68 167.26 Er Erbium	69 168.93 Tm Thulium	70 173.04 Yb Ytterbium	71 174.97 Lu Luteécium
90 232.04 Th Thorium	91 (231) Pa Protactinium	92 238.03 U Uranium	93 (237) (Np) Neptunium	94 (242) (Pu) Plutonium	95 (243) (Am) Américium	96 (247) (Cm) Curium	97 (247) (Bk) Berkélium	98 (249) (Cf) Californium	99 (254) (Es) Einsteinium	100 (253) (Fm) Fermium	101 (256) (Md) Mendelevium	102 (254) (No) Nobélium	103 (257) (Lw) Lawrenciu m

Pour chaque atome, le tableau indique son numéro atomique ainsi que le poids, exprimé en grons, de la moyenne des divers isotopes présents dans chaque famille, pondérée de leur abondance relative.

Les familles d'atomes placés entre parenthèses n'existent pas dans la nature. Elles doivent leur existence au génie génétique nucléaire des Terriens.

Les atomes marquées en caractères ajourés sont les dames (anions) et quelques androgines notoires (S, As).

Les atomes d'une même rangée (ou période) comportent le même nombre de couches électroniques.

Les atomes d'une même colonne contiennent un nombre identique d'électrons sur leur couche externe (un même nombre de bras).

Le coin des cruciverbistes

Problème facile pour ceux qui ont lu attentivement cet ouvrage !

Horizontalement

1. Unité de poids - Légumineuse. 2. Elément communautaire. 3. Symbole d'un unibras - Très nerveux. 4. Etat-civil d'un anion célibataire à Londres - Halite pour les épiciers. 5. On y pense parfois quand on parle des belles-mères - Pas très futé. 6. Montures pour enfants. 7. A certainement fait son beurre - Fait semblant. 8. Sans fantaisie - Permettre à son prédécesseur de l'être - 9. Conduire - Points opposés.

Verticalement

1. Quatre-bras nationaliste - 2. Produit noble d'un mariage entre MM. Aluminium et Mlles Oxygène - Un britannique - 3. Un noble qui résiste très bien aux avances des dames -Symbole d'un trois-bras nationaliste - 4. Dans un certain sens peut-être considérée comme une grave maladie - 5. Liquide, il est italien, mais symboliquement il serait plutôt polonais - Fait proverbialement défaut à un noble unibras - 6. Pour lui tout est relatif - 7. Malin - Consacre à la montée - 8. Symbole - Bien que singulier, il en faudrait 320 pour faire diminuer de moitié une communauté de Radium.

Ne
Fe
O

Table des matières

5, rue Cochin 75005 Paris.
1,bis Place du Marché 1227 Genève.

Dépôt légal: 3ème trimestre 1994
Maquette de Sylvia Lacroix
Mise en couleurs et photogravure: Ermanno Beverari, Vérone.
Imprimé et relié par Grafiche AZ, Vérone, Italie.
ISBN: 2-88393-024-4

Na Cl H O H Na O H Na
H Cl Ag S Ag O Fe O Fe
Na Cl H O H Na O H Na
H Cl Ag S Ag O Fe O Fe
Na Cl H O H Na O H Na
H Cl Ag S Ag O Fe O Fe

Cl H O H Na O H Na O H
O H Cl Ag S Ag Ag S Ag
Cl H O H Na O H Na O H
O H Cl Ag S Ag Ag S Ag
Cl H O H Na O H Na O H
O H Cl Ag S Ag Ag S Ag

Sur la couverture: cristaux de halite ($NaCl$)